高等职业教育"十三五"规划教材
高等职业院校建筑工程技术专业规划推荐教材

建筑力学与结构

米雅妹　主　编
刘　琳　翟　瑶　副主编

中国建筑工业出版社

图书在版编目（CIP）数据

建筑力学与结构/米雅妹主编. —北京：中国建筑工业出版
社，2019.5
高等职业教育"十三五"规划教材　高等职业院校建筑工
程技术专业规划推荐教材
ISBN 978-7-112-23564-3

Ⅰ.①建…　Ⅱ.①米…　Ⅲ.①建筑科学-力学-高等职业教
育-教材②建筑结构-高等职业教育-教材　Ⅳ.①TU3

中国版本图书馆 CIP 数据核字（2019）第 062867 号

本书是根据"教、学、做"一体化要求编写的项目化教材。共包括 4 个项
目：项目 1 建筑力学与结构基本知识、项目 2 框架结构水平构件结构设计、项
目 3 框架结构竖向构件结构设计、项目 4 框架结构工程结构设计。除此之外，
本教材还根据每章的内容分别配置了工作页，方便学生学习和训练。

本教材既可作为高等职业院校建筑工程技术专业教材，也可作为相关技术
人员参考用书。

为更好地支持本课程的教学，作者自制免费教学课件资源，请发送邮件至
jgzykj@cabp.com.cn 索取。

责任编辑：司　汉　朱首明　李　阳
责任校对：焦　乐

高等职业教育"十三五"规划教材
高等职业院校建筑工程技术专业规划推荐教材

建筑力学与结构

米雅妹　主　编

刘　琳　翟　瑶　副主编

*

中国建筑工业出版社出版、发行（北京海淀三里河路 9 号）
各地新华书店、建筑书店经销
北京科地亚盟排版公司制版
北京建筑工业印刷厂印刷

*

开本：787×1092 毫米　1/16　印张：13　字数：324 千字
2019 年 6 月第一版　　2019 年 6 月第一次印刷
定价：**35.00** 元（赠课件）
ISBN 978-7-112-23564-3
（33853）

序

    职业教育由于其自身培养目标的特殊性，在教学过程中特别注重学生职业技能的训练，注重职业岗位能力、自主学习能力、解决问题能力、社会能力和创新能力的培养。目前，许多高等职业院校正大力推行工学结合，突出实践能力的培养，改革人才培养模式，职业教育的教学模式也正悄然发生着改变，传统学科体系的教学模式正逐步转变为行为体系的职业教学模式。我院作为辽宁建设职业教育集团的牵头单位，从很早就开始借鉴国内外先进的教学经验，开展基于工作过程系统化、以行动为导向的项目化课程设计与教学方法改革。在职业技术课程改革中，突出教师引领学生做事，围绕知识的应用能力，用项目对能力进行反复训练，课程"教、学、做"一体化的设计，体现了工学结合、行动导向的职业教育特点。

    所以我们选定十五门课程进行项目化教材的改革。包括：建筑工程施工技术、混凝土结构检测与验收、建筑工程质量评定与验收、建筑施工组织与进度控制、混凝土结构施工图识读等。

    本套教材在编写思路上考虑了学生胜任职业所需的知识和技能，直接反映职业岗位或职业角色对从业者的能力要求，以从业中实际应用的经验与策略的学习为主，以适度的概念和原理的理解为辅，依据职业活动体系的规律，采取以工作过程为导向的行动体系，以项目为载体，以工作任务为驱动，以学生为主体，"教、学、做"一体的项目化教学模式。本套教材在内容安排和组织形式上作出了新的尝试，突破了常规按章节顺序编写知识与训练内容的结构形式，而是按照工程项目为主线，按项目教学的特点分若干个部分组织教材内容，以方便学生学习和训练。内容包括教材所用的项目和学习的基本流程，且按照典型案例由浅入深地编写。这样，为学生提供了阅读和参考资料，帮助学生快速查找信息，完成练习项目。本套教材是以项目为模块组织教材内容，打破了原有教材体系的章节框架局限，采用明确项目任务、制定项目计划、实施计划、检查与评价的形式，创新了传统的授课模式与内容。

    相信这套教材能对课程改革的推进、教学内容的完善、学生学习的推动提供有力的帮助！

辽宁建设职业教育集团　秘书长

辽宁城市建设职业技术学院　院长

王斌

前　言

随着职业教育蓬勃发展和教学改革的逐渐深入，社会对教育模式和教学方法提出了新的要求。项目驱动、任务引领、基于工作过程的项目教学改革势在必行，对知识体系重组和精心设置教学过程与教学情境就显得更加重要，这也是高职教学的大势所趋。

本教材编写中针对高职院校培养规格和要求，主要为培养从事建筑施工、建筑技术管理、一般房屋建筑工程设计的工程技术人员和完成工程师的初步训练。在保证必需的基础理论的前提下，加强技术基础课，专业课教学的同时，注意提高学生的自学能力和解决工程实际问题的能力，突出培养应用型人才的要求。

本教材最大的亮点是基于建筑结构设计完整工作流程编写，工作页配合教材使用，条目清晰明了、内容殷实，项目4集中的对建筑结构设计能力全面训练。教材中穿插知识链接，并配有拓展训练，帮助学生更好的利用课余时间丰富自己的学识。本教材采用了最新的规范、标准，注重理论联系实际，解决实际问题，便于学生自主解决问题。

本教材由米雅妹任主编，刘琳、翟瑶任副主编。具体编写分工为：辽宁城市建设职业技术学院米雅妹编写项目2、项目4；辽宁生态工程职业学院刘琳编写项目3；辽宁工程职业学院翟瑶编写项目1；在编写过程中中国二十二冶集团有限公司工程师闫志伟、沈阳卫德住宅工业化科技有限公司设计师孙大龙全程提供了专业指导，在此一并表示感谢。

由于编者水平所限，书中如有不足之处，敬请广大读者批评指正。

目　　录

项目 1　建筑力学与结构基本知识

单元 1 建筑力学的基本知识

【知识目标】

掌握静力学基本概念、静力学公理和推论的内容，学会分析物体的受力情况，理解力系和力偶系等相关定理，掌握平面力系的合成和平衡方程。

【能力目标】

能对简单物体（结构构件）进行受力分析，能够做出物体的受力图，能够应用平衡方程求出支座反力。

【素质目标】

培养学生沟通的能力，具备发现问题、思考问题的能力，培养学生分析问题的能力。

【任务介绍】

塔式起重机如图 1-1 所示，机架重 $G=700$kN，作用线通过塔架中心。最大起重量 $F_{w_1}=200$kN，最大悬臂长为 12m，轨道 A、B 的间距为 4m，平衡块重 F_{w_2}，到机身中心线距离为 6m。试问：

（1）为保证起重机在满载和空载都不致翻倒，求平衡块的重量 F_{w_2} 应为多少？

（2）当平衡块重 $F_{w_2}=180$kN 时，求满载时轨道 A、B 给起重机轮子的反力。

【任务分析】

了解静力学基本概念及常见的约束，分析物系内每个物体的受力情况。了解力在平面直角坐标系中的投影，学习平面汇交力系的合成与平衡分析方法。

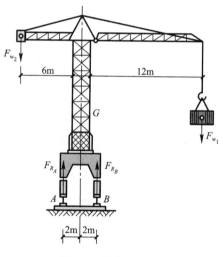

图 1-1 塔式起重机

任务 1 静力学基本概念

子任务 1 力与力系的概念

1. 静力学简介

静力学是研究物体在力作用下的平衡规律的科学。平衡是物体机械运动的特殊状态，严格地说，物体相对于惯性参照系处于静止或做匀速直线运动的状态，即加速度为零的状态都称为平衡。对于一般工程问题，平衡状态是以地球为参照系确定的。例如，相对于地球静止不动的建筑物和沿直线均速起吊的物体，都处于平衡状态。

2. 力的概念

力是物体间相互的机械作用，这种作用的效果会使物体的运动状态发生变化（外效应），或者使物体发生变形（内效应）。力是物体和物体之间的相互作用，不会脱离物体而单独存在。有受力物体时必定有施力物体。

实践证明，力对物体的作用效果取决于力的大小、方向和作用点，即力的三要素。力的大小表示力对物体作用的强弱；力的单位是牛（N）或千牛（kN）；力的方向包括力作用线在空间的方位以及力的指向；力的作用点表示力对物体的作用位置；力的作用位置实际上有一定的范围，不过当作用范围与物体相比很小时，可近似地看作一个点。作用于一点的力，称为集中力。

力是一个既有大小又有方向的物理量，所以力是矢量。力用一段带箭头的线段来表示。线段的长度表示力的大小；线段与某定直线的夹角表示力的方位，箭头表示力的指向；线段的起点或终点表示力的作用点。

用字母符号表示力矢量时，常用黑体字如 F，而 F 只表示力矢量的大小。

3. 力系

作用在物体上的一组力，称为力系。按照力系中各力作用线分布的不同形式，力系可分为：

（1）汇交力系——力系中各力作用线汇交于一点。

（2）力偶系——力系中各力可以组成若干力偶或力系由若干力偶组成。

（3）平行力系——力系中各力作用线相互平行。

（4）一般力系——力系中各力作用线既不完全交于一点，也不完全相互平行。

（5）等效力系——对同一物体产生相同作用效果的两个力系互为等效力系。

互为等效力系的两个力系间可以互相代替。如果一个力系和一个力等效，则这个力是该力系的合力，而该力系中各力是此力系的分力。

如前所述，按照各力作用线是否位于同一平面内，上述力系又可以分为平面力系和空间力系两大类，如平面汇交力系、空间一般力系等。

子任务2　静力学基本公理

静力学公理是人类在长期的生产和生活实践中，经过反复观察和试验总结出来的普遍规律。它阐述了力的一些基本性质，是静力分析的基础。

1. 公理一：二力平衡公理

作用在同一刚体上的两个力，使刚体平衡的必要和充分条件是：这两个力的大小相等，方向相反，且作用在同一直线上。如图 1-2 所示，$F_A = -F_B$。

这个公理总结了作用于刚体上最简单的力系平衡时所必须满足的条件。对于刚体这个条件是既必要又充分的；但对于变形体，这个条件是必要但不充分的。例如，软绳受两个等值反向的拉力作用可以平衡，而受两个等值反向的压力作用就不能平衡。

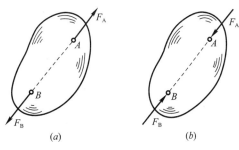

图 1-2　二力平衡构件

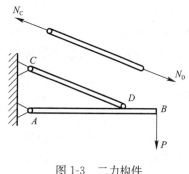

图 1-3 二力构件

在两个力作用下处于平衡的构件称为二力构件，也称为二力杆件。二力构件所受二力的作用线一定是沿着此二力作用点的连线，大小相等、方向相反，如图 1-3 所示，$N_C = -N_D$。

2. 公理二：加减平衡力系公理

作用于刚体的任意力系中，加上或减去任意平衡力系，并不改变原力系的作用效应。如果两个力系只相差一个或几个平衡力系，则它们对刚体的作用效果是相同的，因此可以等效替换。

推论：力的可传性原理

作用在刚体上的力可沿其作用线移动到刚体内的任意点，而不改变该力对刚体的作用效应。

利用加减平衡力系公理，很容易证明力的可传性原理。

证明：

（1）设力 F 作用于刚体的 A 点，如图 1-4 所示。

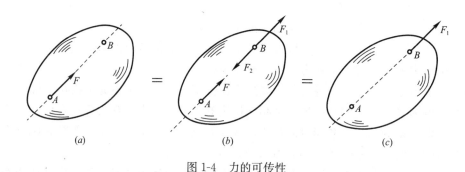

图 1-4 力的可传性

（2）在其作用线上的任意一点 B 加上一对平衡力系并且使 $F_2 = -F_1 = F$。根据加减平衡力系公理可知，这样做不会改变原力 F 对刚体的作用效应。

（3）根据二力平衡条件可知，F 和 F_2 亦为平衡力系，可以撤去。所以，剩下的力 F_1 与原力 F 等效。就相当于把作用在刚体上 A 点的力 F 沿其作用线移到 B 点。

3. 公理三：力的平行四边形公理

作用在物体上的同一点的两个力，可以合成为一个合力，合力的作用点也在该点，合力的大小和方向，由这两个力为邻边构成的平行四边形的对角线确定，如图 1-5 所示。

这个公理说明力的合成是遵循矢量加法的，只有当两个力共线时才能用代数加法，即 $F_R = F_1 + F_2$。

F_R 称为 F、F_2 的合力，F_1、F_2 称为合力 F_R 的分力。

在工程实际问题中，常把一个力 F 沿直角坐标轴方向分解，可得出两个互相垂直的分力 F_x 和 F_y，如图 1-6 所示。F_x 和 F_y 的大小可由三角公式求得：

$$F_x = F\cos\alpha$$
$$F_y = F\sin\alpha$$

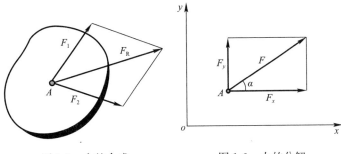

图 1-5 力的合成　　　　　图 1-6 力的分解

式中，α 为力 F 与 x 轴所夹的锐角。

这个公理总结了最简单力系简化的规律，它是复杂力系简化的基础。

推论：三力平衡汇交定理

刚体受互不平行的三个力作用而平衡时，此三力的作用线共面且汇交于一点。

证明：

（1）设在刚体上的 A、B、C 三点，分别作用不平行的三个相互平衡的力 F_1、F_2、F_3，如图 1-7 所示。

（2）根据力的可传性原理，将力 F_1、F_2 移到其汇交点 O，然后根据力的平行四边形法则，得合力 F_{R12}，则力 F_3 应与 F_{R12} 平衡。

（3）由二力平衡公理可知，F_3 与 F_{R12} 必共线。因此，力 F_3 的作用线必通过 O 点并与力 F_1、F_2 共面。于是定理得证。

应当指出，三力平衡汇交公理只说明了不平行的三力平衡的必要条件，而不是充分条件。它常用来确定刚体在不平行三力作用下平衡时，其中某一未知力的作用线。

4. 公理四：作用力和反作用力公理

作用力和反作用力总是同时存在，两力的大小相等、方向相反、沿着同一直线，分别作用在两个相互作用的物体上。

这个公理概括了任何两个物体间相互作用的关系。有作用力，必定有反作用力。两者总是同时存在，又同时消失。这里，要注意二力平衡公理和作用力与反作用力公理是不同的，前者是对一个物体而言，而后者则是对物体之间而言，如图 1-8 所示。

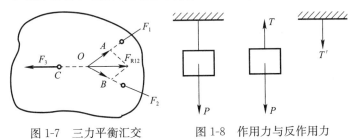

图 1-7 三力平衡汇交　　　　图 1-8 作用力与反作用力

子任务 3 约束和约束反力

在工程实际中，任何构件都受到与它相联系的其他构件的限制，而不能自由运动。例如，梁受到柱子的限制，柱子受到基础的限制，桥梁受到桥墩的限制等。在空间可以自由运动的物体称为自由体；而某些方向的运动受到限制的物体称为非自由体。工程构件的运动大都受到某些限制，因而都是非自由体。

一个物体的运动受到周围物体的限制时，这些周围物体就称为该物体的约束。例如上面提到的柱子是梁的约束，基础是柱子的约束，桥墩是桥梁的约束。

当物体的某种运动受到约束的限制时，物体与约束之间必然相互作用着力。约束作用于物体的力称为约束力，也称为约束反力或反力。由于约束限制了物体某些方向的运动，故约束力的方向与其所能限制的物体运动方向相反。与约束力相对应，凡能主动使物体运动或使物体有运动趋势的力称为主动力，如重力、水压力、土压力等。主动力在工程上也称为荷载。

工程上的物体，一般同时受到主动力和约束力的作用。对它们进行受力分析，就是要分析这两方面的力。通常主动力是已知的，约束力是未知的，所以问题的关键在于正确地分析约束力。一般条件下，根据约束的性质只能判断约束力的作用点位置或作用力方向。约束力的大小要根据作用在物体上的已知力以及物体的运动状态来确定。约束力作用在约束与被约束物体的接触处，其方向总是与该约束所能限制的运动趋势方向相反。应用这个准则，可以确定约束力的方向或作用线的位置。

现将工程上常见的几种约束类型分述如下：

1. 柔体约束

由柔绳、胶带、链条等形成的约束称为柔体约束。由于柔体只能拉物体，不能压物体，即柔体约束只能限制物体沿着柔体约束中心线离开柔体约束的运动，而不能限制物体沿其他方向的运动，所以柔体约束的约束力通过接触点，其方向沿着柔体约束的中心线背离物体（拉力）。这种约束力通常用 F_T 表示，如图 1-9 所示。

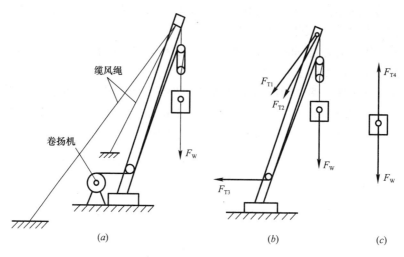

图 1-9　柔性体约束

2. 光滑接触面约束

当两个物体直接接触，而接触面处的摩擦力可以忽略不计时，两物体彼此的约束称为光滑接触面约束。

光滑接触面对物体的约束反力一定通过接触点，沿该点的公法线方向指向被约束物体，即为压力或支持力，通常用 F_N 表示，如图 1-10 所示。

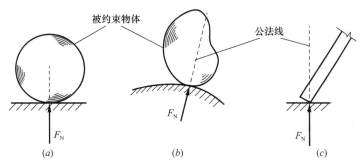

图 1-10　光滑面约束

3. 光滑圆柱铰链接约束

圆柱铰链约束是由圆柱形销钉插入两个物体的圆孔构成，如图 1-11 (*a*)、(*b*) 所示，且认为销钉与圆孔的表面是完全光滑的，这种约束通常如图 1-11 (*c*) 所示。由于圆柱形销钉常用于连接两个构件而处在结构物的内部，所以也把它称为中间铰。

圆柱铰链约束只能限制物体在垂直于销钉轴线平面内的任何移动，而不能限制物体绕销钉轴线的转动。如图 1-12 所示，销钉和物体之间实际

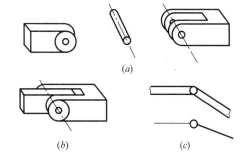

图 1-11　圆柱铰链约束

是两个光滑圆柱面接触，当物体受力后，形成线接触，按照光滑接触面约束反力的特点，销钉给物体的约束反力 F_N 应沿接触点 K 公法线方向指向受力物体，即沿接触点的半径方向通过销钉中心。但由于接触点的位置与主动力有关，一般不能预先确定，因此，约束反力的方向也不能预先确定，故通常用通过销钉中心互相垂直的两个分力来表示。

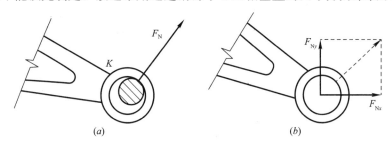

图 1-12　圆柱铰链约束

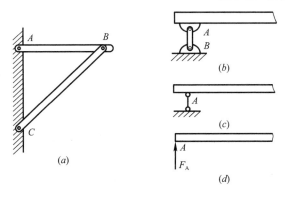

图 1-13　链杆约束

4. 链杆约束

两端用铰链与不同的两个物体分别相连且中间不受力的直杆称为链杆，图 1-13 (*a*)、(*b*) 中 *AB*、*BC* 杆都属于链杆约束。这种约束只能限制物体沿链杆中心线趋向或离开链杆的运动。

链杆约束的约束反力沿链杆中心线，指向未定。链杆约束的简图及其反力如图 1-13 (*c*)、(*d*) 所示。链杆都是二力杆，只能受拉或者受压。

5. 固定铰支座

用光滑圆柱铰链将物体与支承面或固定机架连接起来，称为固定铰支座，如图 1-14 (a) 所示，其约束反力在垂直于铰链轴线的平面内，过销钉中心，方向不定，计算简图如图 1-14 (b) 所示。一般情况下可用如图 1-14 (c) 所示的两个正交分力表示。

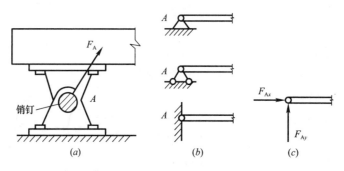

图 1-14　固定铰支座

6. 可动铰支座

在固定铰支座的座体与支承面之间加辊轴就成为可动铰支座，其简图可用图 1-15 (a)、(b) 表示，其约束反力必垂直于支承面，如图 1-15 (c) 所示。

在房屋建筑中，梁通过混凝土垫块支承在砖柱上，如图 1-15 (d) 所示，不计摩擦时可视为可动铰支座。

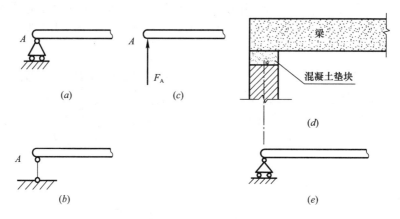

图 1-15　可动铰支座

7. 固定端支座

如房屋的雨篷、挑梁，其一端嵌入墙里如图 1-16 (a) 所示，墙对梁的约束既限制它沿任何方向移动，同时又限制它的转动，这种约束称为固定端支座。它的简图可用图 1-16 (b) 表示，它除了产生水平和竖直方向的约束反力外，还有一个阻止转动的约束反力偶，如图 1-16 (c) 所示。

【拓展提高】

静定结构与超静定结构的概念

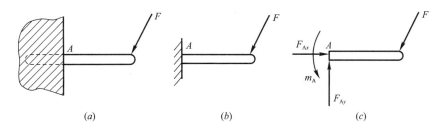

图 1-16 固定端支座

由于物体与物体之间各种约束相互连接，从而构成了能够承受各种荷载的结构。凡需要利用静力平衡条件就能计算出结构的全部约束力和杆件的内力的结构称为静定结构；全部约束反力和杆件的内力不能只用静力平衡条件来确定的结构称为超静定结构。超静定结构的计算，将结合结构的变形进行。

子任务 4 受力分析和受力图

解决力学问题时，首先要选定需要进行研究的物体，即选择研究对象，然后根据已知条件、约束类型并结合基本概念和公理分析研究对象的受力情况，这个过程称为受力分析。

在解决工程实际中的力学问题时，要对物体进行受力分析。由于主动力在实际问题中通常已经给出，而约束反力的大小和方向只有对物体进行受力分析后，利用力学规律通过计算才能确定。所以正确对物体进行受力分析是解决力学问题的前提。在受力分析时，当约束被人为地解除时，即人为地撤去约束时，必须在接触点上用一个相应的约束反力来代替。在物体的受力分析中，通常把被研究的物体的约束全部解除后单独画出，称为脱离体。把全部主动力和约束反作用力的图示表示在脱离体上，这样得到的图形，称为受力图。物体的受力图形象地反映了物体全部受力情况，它是进一步利用力学规律进行计算的依据。

受力图的画法可以概括为以下几个步骤：

（1）根据题意（按指定要求或综合分析已知条件和所求）恰当地选取研究对象；再用尽可能简明的轮廓将研究对象单独画出，即取分离体。

（2）画出分离体所受的全部主动力。

（3）在分离体上原来存在约束（即与其他物体相联系、相接触）的地方，按照约束类型逐一画出全部约束力。

下面将通过例题来说明物体受力图的画法。

【例题 1-1】

重量为 F_w 的小球放置在光滑的斜面上，并用绳子拉住，如图 1-17（a）所示。画出此球的受力图。

【解】

以小球为研究对象，解除小球的约束，画出脱离体，小球受重力（主动力）F_w，同时小球受到绳子的约束反力（拉力）F_{TA} 和斜面的约束反力（支持力）F_N，如图 1-17（b）所示。

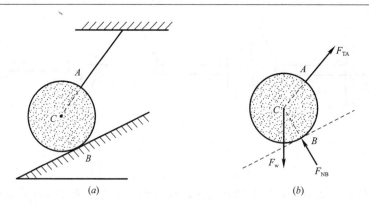

图 1-17 物体受力示意图

【例题 1-2】

水平梁 AB 受已知力 F 作用，A 端为固定铰支座，B 端为移动铰支座，如图 1-18（a）所示。梁的自重不计，画出梁 AB 的受力图。

【解】

（1）取梁 AB 为研究对象，解，画出分离体图。

（2）画主动力 F，梁自重不计。

（3）受到的约束力，A 端为固定铰支座，它的反力可用方向、大小都未知的力 F，或者用水平和竖直的两个未知力 F_{Ax} 和 F_{Ay} 表示；B 端为移动铰支座，它的约束反力用 F_B，受力图如图 1-18（b）所示。

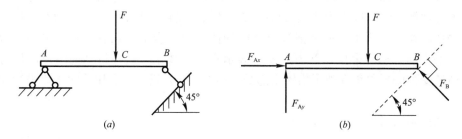

图 1-18 受力分析图

【拓展提高】

单臂旋转吊车，如图 1-19（a）所示，A、C 为固定铰支座，横梁 AB 和杆 BC 在 B 处用铰链连接，吊重为 W，作用在 D 点。试画出梁 AB 及杆 BC 的受力图（不计结构自重）。

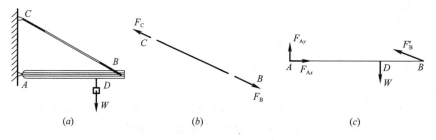

图 1-19 单臂旋转吊车受力图

【解】

（1）分别取梁 AB 和杆 BC 为研究对象。解除梁 AB 和杆 BC 两端的约束，画出其隔离体。

（2）梁 AB 受主动力为吊重 W，其作用点和方向已知。A 端为固定铰支座，其约束反力可用水平分力 F_{Ax}、铅垂分力 F_{Ay} 表示；B 端为圆柱铰链约束。杆 BC 因不计自重，为用铰链连接的链杆，故 B、C 两处约束反力必满足二力平衡条件，即沿 B、C 连线方向。考虑到梁 AB 与 BC 杆在 B 点的相互作用力为作用力与反作用力，根据作用力与反作用力公理，梁 AB 在 B 处的约束反力必与杆 BC 在 B 处的约束反力大小相等、方向相反、作用在同一条直线上。

（3）按二力平衡条件画出杆 BC 受力图，如图 1-19 (b) 所示。在梁 AB 上 D 点画吊重 W，在 A 端画出约束反力 F_{Ax} 和 F_{Ay}，在 B 端画出与 F_B 向相反的约束反力 F'_B，如图 1-19 (c) 所示。

通过以上例题分析，画受力图时应注意以下几个问题：

（1）要根据问题的条件和要求，选择合适的研究对象，画出其隔离体。隔离体的形状、方位与原物体保持一致。

（2）根据约束的类型和约束反力的特点，确定约束反力的作用位置和作用方向。

（3）分析物体受力时注意找出链杆，先画出链杆受力图，利用二力平衡条件确定某些约束反力的方向。

（4）注意作用力与反作用力必须反向。

任务 2　平面力系的合成与平衡方程

子任务 1　力系的分类和力的投影

力系按各力的作用是否在同一平面内，分为平面力系和空间力系。在平面力系中，各力的作用线都汇交于一点的力系，称为平面汇交力系；各力作用线互相平行的力系，称为平面平行力系；各力的作用线既不完全平行又不完全汇交的力系，称为平面一般力系。

1. 力在坐标轴上的投影

设在刚体上的点 A 作用一力 F，如图 1-20 所示，在力 F 作用线所在平面内任取坐标系 xOy，过力 F 的两端点 A 和 B 分别向 x、y 轴作垂线，则所得两垂足之间的直线就称为力 F 在 x、y 轴上的投影，记作 F_x、F_y。

力在轴上的投影是代数量，有大小和正负，其正负号的规定为：从力的始端 A 的投影 a (a') 到末端 B 的投影 b (b') 的方向与投影轴正向一致时，力的投影取正值；反之负值。

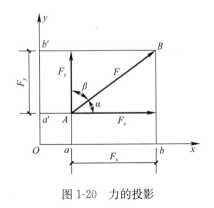

图 1-20　力的投影

通常采用力 F 与坐标轴 x 轴所夹的锐角来计算投影，设力 F 与 x 轴的夹角为 α，投影 F_x 与 F_y 可用式（1-1）计算。

$$F_x = \pm F\cos\alpha$$
$$F_y = \pm F\sin\alpha \qquad\qquad (1\text{-}1)$$

当力与坐标轴垂直时，投影为零；力与坐标轴平行时，投影的绝对值等于该力的大小。

$$F = \sqrt{F_x^2 + F_y^2}$$
$$\tan\alpha = \left|\frac{F_y}{F_x}\right| \qquad\qquad (1\text{-}2)$$

【例题 1-3】

试分别求出图中各力在 x 轴和 y 轴上的投影，已知 $F_1 = F_2 = 200\text{N}$，$F_3 = F_4 = 300\text{N}$，各力的方向如图 1-21 所示。

【解】

由式（1-1）可得出各力在 x、y 轴上的投影为：

$$F_{1x} = F_1\cos45° = 200\text{N} \times 0.707 = 141.4\text{N}$$
$$F_{1y} = F_1\sin45° = 200\text{N} \times 0.707 = 141.4\text{N}$$
$$F_{2x} = -F_2\cos30° = -200\text{N} \times 0.866 = -173.2\text{N}$$
$$F_{2y} = -F_2\sin30° = -200\text{N} \times 0.5 = -100\text{N}$$
$$F_{3x} = -F_3\cos90° = -300\text{N} \times 0 = 0$$
$$F_{3y} = -F_3\sin90° = -300\text{N} \times 1 = -300\text{N}$$
$$F_{4x} = F_4\cos60° = 300\text{N} \times 0.5 = 150\text{N}$$
$$F_{4y} = -F_4\sin60° = -300\text{N} \times 0.866 = -259.8\text{N}$$

2. 合力投影定理

合力投影定理建立了合力的投影与分力的投影之间的关系。如图 1-22 所示的平面力系，F_R 为合力，F_1、F_2、F_3、F_4 为四个分力，将各力投影到 x 轴上。

$$ae = ab + bc + cd - de \qquad\qquad (1\text{-}3)$$

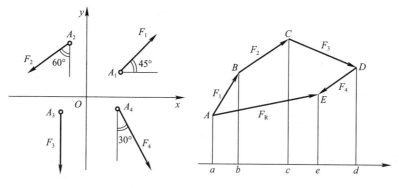

图 1-21 力的示意图   图 1-22 力系的合成

由投影定义，式（1-3）左端为合力 F_R 的投影，右端为四个分力的投影代数和，即：

$$F_{Rx} = F_{1x} + F_{2x} + F_{3x} + F_{4x} \qquad\qquad (1\text{-}4)$$

显然式（1-4）可推广到任意多个力的情况，即：

$$F_{Rx}=F_{1x}+F_{2x}+\cdots\cdots+F_{nx}=\sum F_x \qquad (1-5)$$

于是得到结论：合力在任一轴上的投影等于各分力在同一轴上的投影代数和，即合力投影定理。据此，求出合力 F_R 的投影 F_{Rx} 和 F_{Ry} 后，可求出合力 F_R 的大小及方向角。

$$F_R=\sqrt{F_{Rx}^2+F_{Ry}^2}=\sqrt{(\sum F_x)^2+(\sum F_y)^2}$$

$$\tan\alpha=\left|\frac{F_{Ry}}{F_{Rx}}\right|=\left|\frac{\sum F_y}{\sum F_x}\right| \qquad (1-6)$$

式中 α 为合力 F_R 与 x 轴所夹锐角，合力的指向由 $\sum F_x$ 和 $\sum F_y$ 的正负号决定。

子任务 2　力矩和力偶

1. 力矩

（1）力矩的概念

力对物体的作用，既能产生平动效应，又能产生转动效应。如图 1-23 所示，我们用力的大小 F 与力的作用线到转动中心 O 点的距离 d 的乘积 Fd，再加上正负号来表示力 F 使物体绕 O 点转动的效应，称为力 F 对 O 点的矩。简称力矩，用符号 $M_O(F)$ 或 M_O 表示。即：

$$M_O(F)=\pm Fd \qquad (1-7)$$

O 点称为矩心，矩心 O 到力 F 作用线的垂直距离 d 称为力臂。因为同一个力对于不同矩心的力臂可能不同，其力矩也就不同，所以在谈到力矩时应同时指明矩心的位置。不指明矩心来谈力矩是没有任何意义的。

力使物体绕矩心转动的方向就是力矩的转向。它可能是顺时针转向，也可能是逆时针转向。为了区分这两种转向，我们用力矩的正负号来表示。习惯上规定，若力使物体绕矩心作逆时针方向转动时力矩为正，反之为负。在平面问题中，力矩或为正值，或为负值，因此可视为代数量。力矩的单位是牛顿米（N·m）或千牛顿米（kN·m）。

在同一平面内几个力矩相加是求代数和，称为求它们的合力矩。

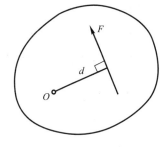

图 1-23　力 F 对 O 点的力矩

（2）力矩的性质

1）力矩的值与矩心位置有关，同一力对不同的矩心，其力矩不同。

2）力沿其作用线任意移动时，力矩不变。

3）力的作用线通过矩心时，力矩为零。

4）合力对平面内任一点之矩等于各分力对同一点之矩的代数和，见式（1-8），此即平面力系的合力矩定理。

$$M_O(F_R)=\sum M_O(F) \qquad (1-8)$$

应用合力矩定理可以简化力矩的计算。在求一个力对某点的矩时，若力臂不易计算，就可将该力分解为两个相互垂直的分力，两分力对该点的力臂若比较容易计算，即可用两分力对该点力矩的代数和来代替原力对该点的矩。

【例题 1-4】

大小相等的三个力，以不同的方向加在扳手的 A 端，如图 1-24 所示。若 $F=100\text{N}$，其他尺寸如图所示。试求三种情形下力 F 对 O 点之矩。

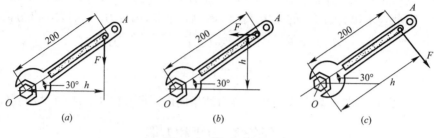

图 1-24　扳手受力图

【解】

三种情形下，虽然力的大小、作用点均相同，矩心也相同，但由于力的作用线方向不同，因此力臂不同，所以力对 O 点之矩也不同。

对于图 1-24（a）中的情况，力臂 $d=200\cos30°$mm。故力对 O 点之矩为：
$$M_O(F)=-Fd=-100\times200\times10^{-3}\cos30°=-17.3\text{N·m}$$

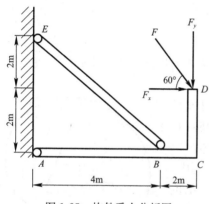

图 1-25　构件受力分析图

对于图 1-24（b）中的情况，力臂 $d=200\sin30°$mm，故力对 O 点之矩为：
$$M_O(F)=-Fd=-100\times200\times10^{-3}\sin30°=-10\text{N·m}$$

对于图 1-24（c）中的情况，力臂 $d=200$mm，故力对 O 点之矩为：
$$M_O(F)=-Fd=-100\times200\times10^{-3}=-20\text{N·m}$$

可见，三种情形中，图 1-24（c）中的力对 O 点之矩数值最大，这与实践是一致的。

【例题 1-5】

构件尺寸如图 1-25 所示，在 D 处有大小为 4kN 的力 F，试求力 F 对 A 点之矩。

【解】

由于本题的力臂 d 确定比较复杂，故将力 F 正交分解为：
$$F_x=F\cdot\cos60°$$
$$F_y=F\cdot\sin60°$$
（1-9）

由合力矩定理得：
$$M_A(F)=-M_A(F_x)-M_A(F_y)=-F_x\times2-F_y\times6=-F\cdot\cos60°\times2-F\cdot\sin60°\times6$$
$$=-4\times\frac{1}{2}\times2-4\times\frac{\sqrt{3}}{2}\times6=-24.78\text{kN·m}$$

2. 力偶

（1）力偶的概念

平面内一对等值反向且不共线的平行力称为力偶，它是一个不能再简化的基本力系。它对物体的作用效果是使物体产生单纯的转动。例如用手拧开水龙头、用钥匙开锁、用旋具上紧螺钉、两手转动方向盘等往往就是利用力偶工作。如图 1-26 中两人推动绞盘横杆的力 F 与 F' 如果平行且相等，就构成一个力偶，记作（F，F'）。

力偶对物体的转动效应与组成力偶的力的大小和力偶臂的长短有关，力学上把力偶中力的大小与力偶臂（二力作用线间垂直距离）的乘积 Fd 并加上适当的正负号，称为此力偶的力偶矩，用以度量力偶在其作用面内对物体的转动效应，记作 $M(F, F')$ 或 M，如图 1-27 所示。力偶矩的大小为：

$$M(F, F') = M = \pm Fd \tag{1-10}$$

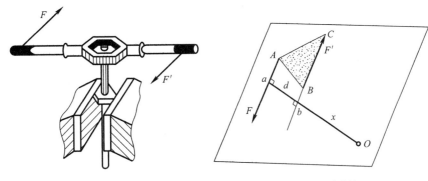

图 1-26   力偶   图 1-27   力偶矩

力偶矩与力矩一样，也是代数量。正负规定：力偶使物体逆时针转动时，力偶矩为正，反之为负。由图 1-27 可见，力偶矩也可采用三角形面积表示，即：

$$M = \pm 2\triangle ABC \tag{1-11}$$

综上所述，力偶对物体的转动效应取决于力偶矩的大小、力偶的转向及力偶的作用面，此即为力偶的三要素。

力偶矩的单位同力矩的单位，常用单位有牛顿·米（N·m）、牛顿·毫米（N·mm）等。在画图表示力偶时常用图 1-28（b）、(c) 中的符号来表示。

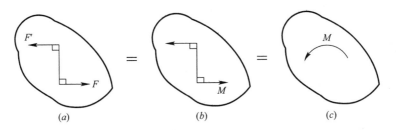

图 1-28   力偶的表示方法

（2）力偶的性质

1）力偶没有合力

力偶既不能用一个力代替，也不能与一个力平衡。

如果在力偶作用面内任取一投影轴，则力偶在任一轴上的投影恒等于零。既然力偶在轴上的投影为零，可见力偶对于物体不会产生移动效应，只产生转动效应。

力偶和力对物体作用的效应不同，说明力偶不能和一个力平衡，力偶只能与力偶平衡。

2）力偶对其所在平面内任一点的矩恒等于力偶矩

如图 1-27 所示，在力偶作用面内任取一点 O 为矩心，以 $M_O(F, F')$ 表示力偶对点 O

15

之矩，则

$$M_O(F,F') = M_O(F) + M_O(F') = F(x+d) - Fx = Fd$$

因为矩心 O 是任意选取的，由此可知，力偶的作用效果取决于力的大小和力偶臂的长短而与矩心的位置无关。

3）同一平面内的两个力偶，只要其力偶矩（包括大小和转向）相等，则此两力偶彼此等效。

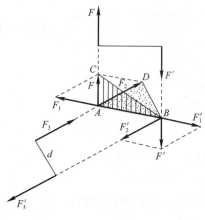

图 1-29　力偶相等示意图

证明：如图 1-29 所示，设在同平面内有两个力偶 (F,F') 和 (F_3,F'_3) 作用，它们的力偶矩相等，且力的作用线分别交于点 A 和点 B，现证明这两个力偶是等效的。

将力 F 和 F' 分别沿它们的作用线移到点 A 和点 B，然后分别沿连线 AB 和力偶 (F_3,F'_3) 的两力的作用线方向分解得到 F_1、F_2 和 F'_1，F'_2 四个力，显然，这四个力与原力偶 (F,F') 等效。由于两个力平行四边形全等，于是力 F'_1 与 F_1 大小相等、方向相反，并且共线，是一对平衡力，可以除去；力 F_2 和 F'_2 构成一个新力偶 (F_2,F'_2)，与原力偶 (F,F') 等效。连接 CB 和 DB，计算力偶矩，有：

$$M(F,F') = -2\triangle ACB, \quad M(F_2,F'_2) = -2\triangle ADB \tag{1-12}$$

由于 $\triangle ACB$ 和 $\triangle ADB$ 同底等高，它们的面积相等，于是得：

$$M(F,F') = M(F_2,F'_2) \tag{1-13}$$

即力偶 (F,F') 与 (F_2,F'_2) 等效时，它们的力偶矩相等（定理的必要性得证）。

由假设知 $M(F,F')=M(F_3,F'_3)$，因此 $M(F_2,F'_2)=M(F_3,F'_3)$，即 $-F_2d_2=-F_3d_2$，于是得：$F_2=F_3$，$F'_2=F'_3$。

可见力偶 (F_2,F'_2) 与 (F_3,F'_3) 完全相等。由于力偶 (F_2,F'_2) 与 (F,F') 等效，所以力偶 (F_3,F'_3) 与 (F,F') 等效（定理的充分性得证）。

既然力偶在轴上的投影为零，可见力偶对于物体不会产生移动效应，只产生转动效应。

由上述等效定理的推证，得出如下推论：

推论 1　力偶可以在其作用面内任意移转，而不影响它对刚体的效应。

推论 2　只要力偶矩保持不变，可以同时改变力偶中力的大小和力偶臂的长度，而不改变它的效应。

上述推论告诉我们，在研究有关力偶的问题时，只需考虑力偶矩，而不必论究其力的大小、力臂的长短。正因为如此，在受力图中常用一个带箭头的圆弧线来表示力偶矩，并标上字母 M，其中 M 表示力偶矩的大小，箭头表示力偶在平面内的转向。

4）在同一个平面内的 n 个力偶，其合力偶矩等于各分力偶矩的代数和。

$$M = M_1 + M_2 + \cdots + M_n = \sum M_i \tag{1-14}$$

【例题 1-6】

如图 1-30 所示，某物体受三个共面力偶的作用，已知 $F_1=9\text{kN}$、$d_1=1\text{m}$、$F_2=6\text{kN}$、$d_2=0.5\text{m}$、$M_3=-12\text{kN·m}$，试求其合力偶。

【解】

$$M_1 = -F_1 \cdot d_1 = -9 \times 1 = -9 \text{kN} \cdot \text{m}$$

$$M_2 = F_2 \cdot d_2 = 6 \times 0.5 = 3 \text{kN} \cdot \text{m}$$

合力偶矩：$M_合 = M_1 + M_2 + M_3 = -9 + 3 - 12 = -18 \text{kN} \cdot \text{m}$

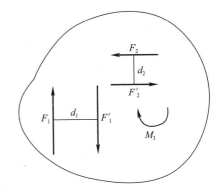

图 1-30　三个共面力偶

3. 力的等效平移

定理：作用于刚体上的力可平行移动到刚体内的任一点，但必须同时附加一个力偶，这个附加力偶的矩等于原来的力对新作用点之矩。这样，平移前的一个力与平移后的一个力和一个力偶对刚体的作用效果等效。

证明：图 1-31（a）中的力 F 作用于刚体的点 A，在同一刚体内任取一点 B，并在点 B 上加两个等值反向的力 F' 和 F''，使它们与力 F 平行，且 $F = F' = -F''$，如图 1-31（b）所示。显然，三个力 F、F'、F'' 与原来 F 是等效的，而这三个力又可视为过 B 点的一个力 F' 和作用在点 B 与力 F 决定平面内的一个力偶 $M(F, F'')$，如图 1-31（c）所示。所以作用在点 A 的力 F 就与作用在点 B 的力 F' 和力偶矩为 M 的力偶（F，F''）等效，其力偶矩为 $M = Fd = M_B(F)$，证毕。

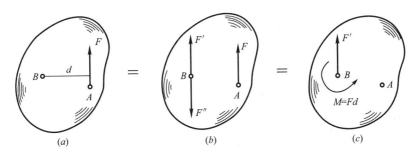

图 1-31　力的等效平移

这表明作用于刚体上的力可平移至刚体内任意一点，但不是简单的平移，平移必须附加力偶，该力偶的矩等于原力对平移点之矩。

根据该定理，可将一个力分解为一个力和一个力偶；反过来，也可以将同一平面内的一个力和一个力偶合成为与原力平行，且大小、方向都与原力相同的一个力。力的平移定理及其逆定理不仅是力系简化的基本依据，而且也是分析力对物体作用效应的一个重要手段。

子任务 3　平面汇交力系的合成与平衡

平面汇交力系合成的方法主要有几何法（力的平行四边形法则）和解析法。

1. 几何法

如图 1-32 所示，在刚体上作用一汇交力系，汇交点为刚体上的 O 点。根据力的可传性原理，将各力沿作用线移至汇交点，成为共点力系，然后根据平行四边形法则，依次将各力两两合成，求出作用在 O 点的合力 R。实际上，也可以连续应用力的三角形法则，逐步将力系的各力合成，求出合力 R，如图 1-32（b）所示，此时，为求力系的合力 R，中间求了 R_1、R_2 等。不难看出，如果不求 R_1、R_2 等，直接将力系中的各力首尾相连成一个多边形，也可以求出力系的合力，该多边形的封闭边就是力系的合力，如图 1-32（c）所示。

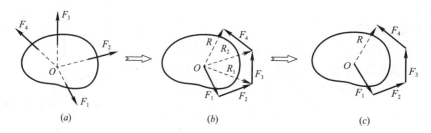

图 1-32　平面汇交力系的合成

这种求合力的方法称为力的多边形法则，画出的多边形称为力的多边形。值得注意的是，利用这种方法求合力时，对各分力的先后次序没有要求，只不过分力的次序不同时，得到的力的多边形形状不同，但只要方法正确，求出的合力的大小和方向是一样的。

2. 解析法

根据上面的分析可知，几何法尽管避免了计算的麻烦，但准确性较差，而且对分力较多或空间力系来讲，其难度较大。因此，在解决实际问题时，通常采用解析法。

解析法就是利用合力投影定理，由分力的投影求出合力的投影，再求合力的大小和方向的方法。

如图 1-33 所示，设一平面汇交力系由 F_1、F_2、$\cdots$、F_n 组成，在力系的作用平面内建立平面直角坐标系 xOy，依次求出各力在坐标轴上的投影：F_{1x}、F_{2x}、$\cdots$、F_{nx} 与 F_{1y}、F_{2y}、$\cdots$、F_{ny}。

设合力在两个坐标轴上的投影分别为 R_x、R_y，根据合力投影定理，它们与各分力在两个坐标轴上的投影满足下式要求。

$$R_x = F_{1x} + F_{2x} + F_{3x} + \cdots F_{nx} = \sum F_{ix}$$
$$R_y = F_{1y} + F_{2y} + F_{3y} + \cdots F_{ny} = \sum F_{iy} \tag{1-15}$$

由合力的投影可以求出合力的大小和方向。

大小：$R = \sqrt{R_x^2 + R_y^2} = \sqrt{(\sum F_{ix})^2 + (\sum F_{iy})^2}$　(1-16)

方向：$\tan\alpha = \left| \dfrac{R_y}{R_x} \right|$　(1-17)

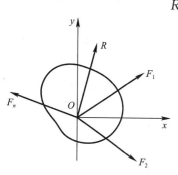

图 1-33　平面汇交力系

式中，α 是合力 R 与坐标轴 x 所夹的锐角；$\sum F_{ix}$、$\sum F_{iy}$ 分别是原力系中各力在 x 轴和 y 轴上投影的代数和。

总之，平面汇交力系的简化结果为一合力，合力的作用线通过力系的汇交点，合力的大小和方向等于各分力的矢量和，即：

$$R = F_1 + F_2 + F_3 + \cdots + F_n = \sum F_i \tag{1-18}$$

【例题 1-7】

在同一个平面内的三根绳连接在一个固定的圆环上（图 1-34）。已知三根绳上拉力的

大小分别为 $F_1 = 50\text{N}$，$F_2 = 100\text{N}$，$F_3 = 200\text{N}$。求这三根绳作用在圆环上的合力。

【解】

建立坐标系 xOy，如图 1-34 所示，由合力投影定理得：

$$F_{Rx} = \sum F_x = F_{1x} + F_{2x} + F_{3x} = 50 \times \cos 60° + 100 +$$
$$200 \times \cos 45° = 266\text{N}$$

$$F_{Ry} = \sum F_y = F_{1y} + F_{2y} - F_{3y} = 50 \times \sin 60° +$$
$$0 - 200 \times \sin 45° = -98.1\text{N}$$

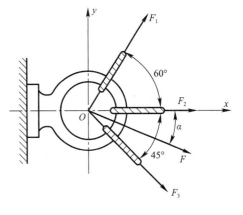

图 1-34　圆环受力图

故合力的大小和方向分别为：

$$F_R = \sqrt{F_{Rx}^2 + F_{Ry}^2} = \sqrt{266^2 + (-98.1)^2} = 284\text{N}$$

$$\alpha = \arctan\alpha = \left| \frac{F_{Ry}}{F_{Rx}} \right| = \left| \frac{-98.1}{266} \right| = 0.369 \approx 20°15'$$

故 F 在第四象限。

子任务 4　平面一般力系的简化及平衡方程

1. 平面一般力系向平面内一点的简化

设刚体上作用着平面一般力系 F_1、F_2、$\cdots$、F_n，如图 1-35（a）所示。在力系所在平面内任选一点 O，称该点为简化中心。应用前面已叙述过的力的平移定理，将各个力平行移至 O 点，同时附加相应的力偶，如图 1-35（b）所示。对整个力系来说，原力系就等效地分解成了两个特殊力系，一个是汇交于 O 点的平面汇交力系 F_1'、F_2'、$\cdots$、F_n'；另一个是作用于该平面内的各附加力偶组成的力偶系，即 m_1、m_2、$\cdots$、m_n。

平面汇交力系中，各力的大小和方向分别与原力系中相对应的各力相同，即 $F_1' = F_1$、$F_2' = F_2$、$\cdots$、$F_n' = F_n$。

将平面汇交力系合成，得到作用在点 O 的一个力，即：

$$F_R' = F_1' + F_2' + \cdots + F_n' = F_1 + F_2 + \cdots F_n = \sum F \tag{1-19}$$

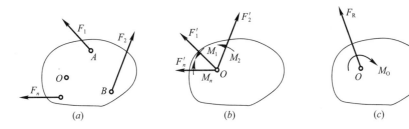

图 1-35　平面内任意力系向一点简化示意图

F_R' 称为原力系的主矢量，简称为主矢，它等于原力系中各力的矢量和，其作用线通过简化中心。显然，主矢量并不能代替原力系对刚体的作用，因而它不是原力系的合力。其大小和方向利用合力投影定理计算为：

$$\begin{cases} F_{Rx}' = F_{1x} + F_{2x} + \cdots + F_{nx} = \sum F_x \\ F_{Ry}' = F_{1y} + F_{2y} + \cdots + F_{ny} = \sum F_y \end{cases} \tag{1-20}$$

$$F_R' = \sqrt{F_{Rx}'^2 + F_{Ry}'^2} = \sqrt{(\sum F_x)^2 + (\sum F_y)^2} \tag{1-21}$$

$$\tan\alpha = \left| \frac{F_{Ry}'}{F_{Rx}'} \right| = \left| \frac{\sum F_y}{\sum F_x} \right| \tag{1-22}$$

式中，α 为 F_R' 与 x 轴所夹的锐角，F_R' 的指向由的正负号确定。若 $\sum F_x$ 为正，$\sum F_y$ 为负，则 F 在第四象限。

对于附加的力偶系 m_1、m_2、$\cdots$、m_n，这些力偶作用在同一平面内，称为共面力偶系。共面力偶系的合成结果为一个合力偶，该合力偶的矩 M_O 等于各力偶矩的代数和，即：

$$M_O = m_1 + m_2 + \cdots + m_n \tag{1-23}$$

因为各附加力偶矩分别等于原力系中各力对简化中心 O 的矩，即：

$$
\begin{aligned}
m_1 &= m_o(F_1) \\
m_2 &= m_o(F_2) \\
&\vdots \\
m_n &= m_o(F_n)
\end{aligned}
\tag{1-24}
$$

于是可得 M_O 为：

$$M_O = m_1 + m_2 + \cdots + m_n = m_o(F_1) + m_o(F_2) + \cdots + m_o(F_n) = \sum m_o(F) \tag{1-25}$$

M_O 称为原力系对简化中心的主矩，它等于原力系中各力对简化中心之矩的代数和。同样，主矩也不能代替原力系对刚体的作用，也不是原力系的合力偶矩。

当选取不同的简化中心时，由于原力系中各力的大小与方向一定，它们的矢量和也是一定的，因此力系的主矢与简化中心的位置无关；但力系中各力对于不同的简化中心的矩不同，一般说来它们的代数和也不同，所以说力系的主矩一般与简化中心的位置有关。因而，对于主矩，必须指明简化中心的位置，符号 M_O 的下标表示简化中心为 O 点，M_A 表示简化中心为 A 点。

综上所述，平面一般力系向平面内任一点简化的一般结果是一个力和一个力偶，该力作用于简化中心，其力矢等于原力系中各力的矢量和，其大小和方向与简化中心的位置无关；该力偶在原力系作用面内，其矩等于原力系中各力对简化中心的矩的代数和，其值一般与简化中心的位置有关，这个力的矢量称为原力系的主矢，这个力偶的力偶矩称为原力系对简化中心的主矩。

主矢描述原力系对物体的平移作用，主矩描述原力系对物体绕简化中心的转动作用，二者的作用总和才能代表原力系对物体的作用。因此，单独的主矢 F_R' 主矩 M_O 并不与原力系等效，即主矢 F_R' 不是原力系的合力，主矩 M_O。也不是原力系的合力偶矩，而主矢 F_R' 和主矩 M_O 二者共同作用才与原力系等效。

【例题 1-8】

如图 1-36 所示，物体受 F_1、F_2、F_3、F_4、F_5 五个力的作用，已知各力的大小均为 10N，试将该力系分别向 A 点和 D 点简化。

【解】

建立直角坐标系 xAy，如图 1-36 (b)、(c) 所示。

（1）向 A 点简化，由式（1-20）得：

$$F_{Ax}' = \sum F_x = F_1 - F_2 - F_5 \cos 45° = 10 - 10 - 10 \times \frac{\sqrt{2}}{2} = -5\sqrt{2}\text{N}$$

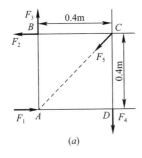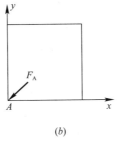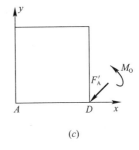

图 1-36　力系的简化

$$F'_{Ay} = \sum F_y = F_3 - F_4 - F_5\cos45° = 10 - 10 - 10 \times \frac{\sqrt{2}}{2} = -5\sqrt{2}\text{N}$$

$$F'_A = \sqrt{F'^2_{Ax} + F'^2_{Ay}} = \sqrt{(-5\sqrt{2})^2 + (-5\sqrt{2})^2} = 10\text{N}$$

$$\tan\alpha = \left| \frac{-5\sqrt{2}}{-5\sqrt{2}} \right| = 1, \quad \alpha = 45°$$

$$M'_A = \sum M_A(F) = 0.4F_2 - 0.4F_4 = 0$$

向 A 点简化的结果，如图 1-36（b）所示。

（2）向 D 点简化，由式（1-20）得：

$$F'_{Dx} = \sum F_x = F_1 - F_2 - F_5\cos45° = 10 - 10 - 10 \times \frac{\sqrt{2}}{2} = -5\sqrt{2}\text{N}$$

$$F'_{Dy} = \sum F_y = F_3 - F_4 - F_5\cos45° = 10 - 10 - 10 \times \frac{\sqrt{2}}{2} = -5\sqrt{2}\text{N}$$

$$F'_D = \sqrt{F'^2_{Dx} + F'^2_{Dy}} = \sqrt{(-5\sqrt{2})^2 + (-5\sqrt{2})^2} = 10\text{N}$$

$$M'_D = \sum M_D(F)$$
$$= 0.4F_2 - 0.4F_3 + 0.4F_5\sin45°$$
$$= 0.4 \times 10 - 0.4 \times 10 + 0.4 \times 10 \times \frac{\sqrt{2}}{2}$$
$$= 2\sqrt{2}\text{N} \cdot \text{m}$$

向 D 点简化的结果，如图 1-36（c）所示。

2. 平衡条件和平衡方程

平面一般力系简化后，若主矢量 F'_R 为零，则刚体无移动效应；若主矩 M'_O 为零，则刚体无转动效应。若二者均为零，则刚体既无移动效应也无转动效应，即刚体保持平衡；反之，若刚体平衡，主矢、主矩必同时为零。所以平面一般力系平衡的必要和充分条件是力系的主矢和主矩同时为零。即：

$$F'_R = 0, \quad M'_O = 0$$

由于：

$$F'_R = \sqrt{F'^2_{Rx} + F'^2_{Ry}} = 0, \quad M'_O = \sum M_O(F) = \sum M_O = 0$$

于是平面一般力系的平衡条件为：

$$\begin{cases} \sum F_x = 0 \\ \sum F_y = 0 \\ \sum M_O = 0 \end{cases} \tag{1-26}$$

式（1-26）是由平衡条件导出的平面一般力系平衡方程的一般形式。前两方程为投影方程或投影式，后一方程为力矩方程或力矩式。该式可表述为平面一般力系平衡的必要与充分条件：力系中各力在任意互相垂直的坐标轴上的投影的代数和，以及力系中各力对任一点的力矩的代数和均为零。因平面一般力系有三个相互独立的平衡方程，故能求解出三个未知量。平面一般力系平衡方程还有两种常用形式，即二矩式：

$$\begin{cases} \sum F_x = 0 \\ \sum M_A = 0 \\ \sum M_B = 0 \end{cases} \tag{1-27}$$

应用二矩式的条件的是 A、B 两点连线不垂于投影轴。

三矩式：

$$\begin{cases} \sum M_A = 0 \\ \sum M_B = 0 \\ \sum M_C = 0 \end{cases} \tag{1-28}$$

应用三矩式的条件的是 A、B、C 三点不共线。

物体在平面一般力系作用下平衡，可利用平衡方程根据已知量求出未知量。其步骤为：

（1）确定研究对象。应选取同时有已知力和未知力作用的物体为研究对象，画出隔离体的受力图。

（2）选取坐标轴和矩心，列出平衡方程求解。由力矩的特点可知，如有两个未知力互相平行，可选垂直两力的直线为坐标轴；如有两个未知力相交，可选两个未知力的交点为矩心，这样可使方程简单。

【例题 1-9】

如图 1-37 所示钢筋混凝土刚架的计算简图，其左侧面受到一水平推力 $P = 5\text{kN}$ 的作用。刚架顶上有均布荷载，荷载集度为 $q = 22\text{kN/m}$，刚架自重不计，尺寸如图所示，试求 A、B 处的支座反力。

【解】

（1）选刚架为研究对象，画分离体、支座反力。

（2）画受力图，刚架所受主动力有集中力 F_p 和均布荷载 q，约束力有 F_{RA}、F_{RBx}、F_{RBy}，指向均假设，受力图如图 1-37 所示。均布荷载的合力大小为 q 与分布长度之积，方向与 q 相同，合力作用点在分布长度中点。

（3）选取坐标轴，为避免解联立方程，所选的坐标轴与尽可能多的未知力垂直，如图 1-37 所示，选 x 轴与 F_{RA}、F_{RB} 垂直。

力矩方程的矩心选 B 点，因为 B 点是 F_{RA}、F_{RB} 两未知力交点，也可以选 A 点，因为 F_{RBx} 的延长线与 F_{RA} 交于 A 点。

（4）列平衡方程，求解未知量。

$$\sum F_x = 0 \qquad F_p - F_{RBx} = 0 \tag{1}$$

$$\sum F_y = 0 \qquad F_{RA} + F_{RBy} - q \times 3 = 0 \tag{2}$$

$$\sum m_B(F) = 0 \quad -F_P \times 3 - F_{RA} + q \times 3 \times \frac{3}{2} = 0 \tag{3}$$

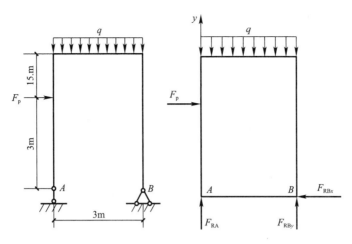

图 1-37　刚架计算简图

由方程（1）解得 $F_{RBx}=5kN$；

由方程（3）得 $F_{RA}=28kN$，代入方程（2）得 $F_{RBy}=38kN$。

3. 平面平行力系的平衡方程

设物体受平面平行力系 F_1、F_2、$\cdots$、F_n 作用。

如选取 x 轴上的投影恒等于零，即 $\sum F_x=0$。恒等式解不出任何未知量，于是由平面一般力系的平衡方程的基本形式导出平面力系的平衡方程数目只有两个，即：

$$\sum F_x=0$$
$$\sum m_o(F)=0 \tag{1-29}$$

平面平行力系的平衡方程，也可以用两个力矩方程的形式，即：

$$\sum m_A(F)=0$$
$$\sum m_B(F)=0 \quad （A、B 两点连线不与诸力平行） \tag{1-30}$$

由于平面平行力系的独立平衡方程只有两个，故只能求解两个未知量。

4. 平面力偶力系的合成

由于平面力偶系合成的结果为一合力偶，$M=\sum m$，而力偶在任一轴上的投影的代数和均为零。即平面一般力系平衡方程的基本形式的两个投影方程均变成恒等式，故平面力偶系的平衡方程为：

$$\sum m=0 \tag{1-31}$$

【例题 1-10】

塔式起重机如图 1-38 所示，机架重 $G=700kN$，作用线通过塔架中心。最大起重量 $F_{W1}=200kN$，最大悬臂长为 12m，轨道 A、B 的间距为 4m，平衡块重 F_{W2}，到机身中心线距离为 6m。试问：

（1）保证起重机在满载和空载都不致翻倒，求平衡块的重量 F_{w2} 应为多少？

（2）当平衡块重 $F_{w2}=180kN$ 时，求满载时轨道 A、B 给起重机轮子的反力。

【解】

（1）画起重机的受力图，起重机受的力有：荷载的重力 F_{W1}，机架的重力 G，平衡块重力 F_{w2}，以及轨道的约束力 F_{RA}、F_{RB} 各力的作用线相互平行，这些力组成平面平行力

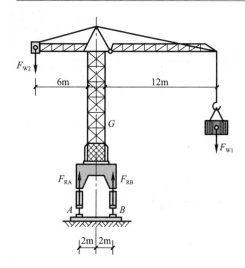

图 1-38 塔式起重机

系，如图 1-38 所示。

（2）求起重机在满载和空载时都不致翻倒的平衡块重力 F_{W2} 的大小。

当满载时，为使起重机不绕 B 点翻倒，这些力必须满足平衡方程 $\sum m_B(F)=0$。在临界情况下，$F_{RA}=0$，限制条件 $F_{RA}\geqslant 0$，才能保证起重机不绕 B 点翻倒。

$$\sum m_B(F)=0$$

$$F_{W2}\times(6+2)+G\times 2-F_{W1}\times(12-2)-F_{RA}\times(2+2)=0$$

限制条件：$F_{RA}\geqslant 0$

由此解出：$F_{W2}\geqslant \dfrac{10F_{W1}-2G}{8}=75\text{kN}$

当空载时，此时 $F_{W1}=0$，为使起重机不绕 A 点翻倒，则必须满足平衡方程 $\sum m_A(F)=0$，在临界情况下，$F_{RB}=0$，限制条件 $F_{RB}\geqslant 0$，才能保证起重机不绕 A 点翻倒。

$$\sum m_A(F)=0$$

$$F_{W2}\times(6-2)-G\times 2+F_{RB}\times(2\times 2)=0$$

限制条件：

$$F_{RB}\geqslant 0$$

由此解出：

$$F_{W2}\geqslant \frac{G}{2}=350\text{kN}$$

因此，平衡块重量应满足以下的关系：$75\text{kN}\leqslant F_{W2}\leqslant 350\text{kN}$。

由于起重机实际工作时不允许处于极限状态，为使起重机不会翻倒，平衡块重量 F_{W2} 满足关系：$75\text{kN}\leqslant F_{W2}\leqslant 350\text{kN}$。

（3）当 $F_{W2}=180\text{kN}$ 时，求满载（$F_{W1}=0=200\text{kN}$）情况下，轨道 A、B 给起重机轮子的反力 F_{RA}、F_{RB}。

根据平行力系的平衡方程，有：

$$\sum m_A(F)=0 \quad F_{W2}\times(6+2)-G\times 2-F_{W1}\times(12+2)+F_{RB}\times 4=0 \tag{1}$$

$$\sum F_y=0 \quad -F_{W2}-G-F_{W1}+F_{RA}+F_{RB}=0 \tag{2}$$

由方程（1）解得 $F_{RB}=\dfrac{14F_{W1}+2G-4F_{W2}}{4}=870\text{kN}$；

由方程（2）解得 $F_{RA}=F_{W2}+G+F_{W1}-F_{RB}=210\text{kN}$。

单元 2　建筑结构的基本知识

【知识目标】

了解建筑结构的基本设计原则，理解建筑结构的功能要求、极限状态以及可靠度等的基本概念，了解钢筋的品种级别和选用原则，掌握钢筋的力学性能，掌握混凝土的强度、各项力学指标和变形性能。

【能力目标】

钢筋和混凝土的合理选用设计强度和变形指标的查用能力，能够综合应用所学知识分析和解决施工中出现的一般性结构问题的能力。

【素质目标】

培养学生遵守设计规范，认真工作的态度。

【任务介绍】

拟设计沈阳××办公楼，建筑面积分别为 $15226.4m^2$，地上 15 层，为框架结构。如何选用混凝土的设计强度并计算重力荷载。

【任务分析】

根据要求，按照建筑结构的基本设计原则、钢筋和混凝土的力学性能进行选取。

任务 1　建筑结构设计基本原理

子任务 1　荷载分类及荷载代表值

1. 荷载分类

按随时间的变异，结构上的荷载可分为以下三类：

（1）永久荷载

在设计基准期内，其值不随时间变化，或者其变化与平均值相比可忽略不计的荷载称为永久荷载，如结构自重、土压力、预应力等。永久荷载也称为恒荷载。

（2）可变荷载

在设计基准期内，其值随时间变化，且其变化值与平均值相比不可忽略的荷载称为可变荷载，可变荷载也称为活荷载。如楼面活荷载、屋面活荷载、风荷载、雪荷载、吊车荷载等。

（3）偶然荷载

偶然荷载是指在设计基准期内不一定出现，而一旦出现，其量值很大且持续时间很短的荷载，如爆炸力、撞击力等。上面提及的设计基准期，是为确定可变荷载代表值而选定的时间参数，一般取为 50 年。

2. 荷载代表值

进行结构设计时，对荷载应赋予一个规定的量值，该量值即所谓荷载代表值。永久荷载采用标准值为代表值，可变荷载采用标准值、组合值、频遇值或准永久值为代表值。

作用于结构上荷载的大小具有变异性。例如，对于结构自重等永久荷载，虽可事先根据结构的设计尺寸和材料单位重量计算出来，但因施工时的尺寸偏差、材料单位重量的变异性等原因，致使结构的实际自重并不完全与计算结果相吻合。至于可变荷载的大小，其不定因素则更多。荷载标准值就是结构在正常使用期间可能出现的最大荷载值，它是荷载的基本代表值。

（1）永久荷载标准值 G_k

永久荷载主要是结构自重及粉刷、装修、固定设备的重量。由于结构或非承重构件的自重的变异性不大，一般以其平均值作为荷载标准值，即可按结构构件的设计尺寸和材料或结构构件单位体积（或面积）的自重标准值确定。对于自重变异性较大的材料，在设计中应根据其对结构有利或不利的情况，分别取其自重的下限值或上限值，见表 2-1。

常用材料和构件的单位自重 表 2-1

名称	自重	名称	自重
普通砖	$18\sim19kN/m^3$	素混凝土	$22\sim24kN/m^3$
陶粒空心砖	$5kN/m^3$	钢筋混凝土	$24\sim25kN/m^3$
混凝土空心小砌块	$5.5kN/m^3$	钢框玻璃门	$0.4\sim0.45kN/m^3$
石灰砂浆、混合砂浆	$17kN/m^3$	木门	$0.1\sim0.2kN/m^3$
水泥砂浆	$20kN/m^3$	油毡防水层	$0.05kN/m^3$

例如，钢筋混凝土的重度（即单位体积的自重）标准值为 $25kN/m^3$，则截面尺寸为 $200mm\times500mm$ 的钢筋混凝土矩形截面梁的自重标准值为：

$$0.2\times0.5\times25=2.5kN/m$$

（2）可变荷载标准值 Q_k

民用建筑楼面均布活荷载标准值见表 2-2。

设计楼面梁、墙、柱及基础时，表中活荷载标准值应按规定折减，详见《建筑结构荷载规范》GB 50009—2012。工业与民用建筑的屋面均布活荷载按水平投影面计算，其标准值按表 2-3 采用。

民用建筑楼面均布活荷载标准值及其组合值、频遇值和准永久值系数 表 2-2

项次	类别	活荷载标准值（kN/m²）	组合值系数	频遇值系数	准永久值系数
1	（1）住宅、宿舍、旅馆、办公楼、医院病房、托儿所、幼儿园	2.0	0.7	0.5	0.4
	（2）试验室、阅览室、会议室、医院门诊室	2.0	0.7	0.6	0.5
2	教室、食堂、餐厅、一般资料档案室	2.5	0.7	0.6	0.5
3	（1）礼堂、剧场、影院、有固定座位的看台	3.0	0.7	0.5	0.3
	（2）公共洗衣房	3.0	0.7	0.6	0.5
4	（1）商店、展览厅、车站、港口、机场大厅及旅客等候室	3.5	0.7	0.6	0.5
	（2）无固定座位的看台	3.5	0.7	0.5	0.3

续表

项次	类别	活荷载标准值（kN/m²）	组合值系数	频遇值系数	准永久值系数
5	（1）健身房、演出舞台 （2）运动场、舞厅	4.0 4.0	0.7 0.7	0.6 0.6	0.5 0.4
6	（1）书库、档案室、贮藏室 （2）密集柜书库	5.0 12.0	0.9	0.9	0.8
7	通风机房、电梯机房	7.0	0.9	0.9	0.8
8	汽车通道及客车停车库 （1）单向板楼盖（板跨不小于2m）和双向板楼盖（板跨不小于3m×3m） 客车 消防车 （2）双向板楼盖（板跨不小于6m×6m）和无梁楼盖（柱网不小于6m×6m） 客车 消防车	4.0 35.0 2.5 20.0	0.7 0.7 0.7 0.7	0.7 0.5 0.7 0.5	0.6 0.0 0.6 0.0
9	厨房 （1）一般情况 （2）餐厅	2.0 4.0	0.7 0.7	0.6 0.7	0.5 0.7
10	浴室、卫生间、盥洗室	2.5	0.7	0.6	0.5
11	走廊、门厅 （1）宿舍、旅馆、医院病房、托儿所、幼儿园、住宅 （2）办公楼、餐厅、医院门诊部 （3）教学楼及其他可能出现人员密集的地方	2.0 2.5 3.5	0.7 0.7 0.7	0.6 0.7 0.6	0.5 0.7 0.5
12	楼梯 （1）多层住宅 （2）其他	2.0 3.5	0.7 0.7	0.5 0.5	0.4 0.3
13	阳台 （1）一般情况 （2）可能出现人员密集的情况	2.5 3.5	0.7 0.7	0.6 0.6	0.5 0.5

注：1. 本表所列各项活荷载使用于一般使用条件，当使用荷载大时，应按实际情况采用；
　　2. 本表各项荷载不包括隔墙自重和二次装修荷载。

民用建筑楼面均布活荷载标准值及其组合值、频遇值和准永久值系数 表2-3

项次	类别	标准值	组合值系数	频遇值系数	永久值系数
1	不上人的屋面	0.5	0.7	0.5	0
2	上人的屋面	2.0	0.7	0.5	0.4
3	屋顶花园	3.0	0.7	0.6	0.5
4	屋顶运动场	3.0	0.7	0.6	0.4

注：1. 不上人的屋面，当施工或维修荷载较大时，应按实际情况采用；对不同结构应按有关设计规范的规定采用但不得低于0.3kN/m²。
　　2. 上人的屋面，当兼作其他用途时，应按相应楼面活荷载采用。
　　3. 对于因屋面排水不畅、堵塞等引起的积水荷载，应采取构造措施加以防止；必要时，应按积水的可能深度确定屋面活荷载。
　　4. 屋顶花园活荷载不包括花圃土石等材料自重。不上人的屋面均布活荷载，可不与雪荷载和风荷载同时组合。

其余可变荷载，如工业建筑楼面活荷载、风荷载、雪荷载、屋面积灰荷载等详见《建筑结构荷载规范》GB 50009—2012。

（1）可变荷载的组合值 Q_c

当结构上同时作用两种或两种以上可变荷载时，它们同时以各自标准值出现的可能性比较小，因此，要考虑其组合值问题。可变荷载的组合值，是使组合后的荷载效应在设计基准期内的超越概率，能与该荷载单独出现时的相应概率趋于一致的荷载值；或使组合后的结构具有统一规定的可靠指标的荷载值。可变荷载的组合值应为可变荷载的标准值 Q_k 乘以荷载组合值系数 ψ_C。

例如，楼面均布荷载标准值为 2.0kN/m^2，荷载组合值系数为 0.7，则活荷载组合值为：$2.0 \times 0.7 = 1.4\text{kN/m}^2$。

（2）可变荷载频遇值 Q_f

荷载的频遇值是在统计基础上确定的，是正常使用极限状态按频遇组合设计时采用的一种可变荷载代表值。可变荷载频遇值，是在设计基准期内，其超越的总时间为规定的较小比率或超越频率为规定频率的荷载值。可变荷载的频遇值，应为可变荷载标准值 Q_k 乘以频遇值系数 ψ_f。

例如，楼面均布荷载标准值为 2.0kN/m^2，荷载频遇值系数为 0.5，则活荷载组合值为：$2.0 \times 0.5 = 1.0\text{kN/m}^2$。

（3）可变荷载的准永久值 Q_q

可变荷载的准永久值是在结构预定使用期内经常达到和超过的荷载值，它对结构的影响在性质上类似于永久荷载。在设计基准期内，其超越的总时间约为设计基准期一半的荷载值称为可变荷载准永久值。可变荷载准永久值，应为可变荷载标准值乘以准永久值系数。

例如，楼面均布荷载标准值为 2.0kN/m^2，准永久值系数为 0.4，则活荷载组合值为：$2.0 \times 0.4 = 0.8\text{kN/m}^2$。

子任务 2　结构的功能要求及其极限状态

1. 结构的功能要求

结构设计的目的是要使所设计的结构在规定的设计使用年限内能完成预期的全部功能要求。

所谓设计使用年限，是指设计规定的结构或结构构件不需进行大修即可按其预定目的使用的时期。换言之，设计使用年限就是房屋建筑在正常设计、正常施工、正常使用和维护下所应达到的持久年限。结构的设计使用年限应按表 2-4 采用。

结构的设计使用年限分类　　　　　　　　　　　　　　　　表 2-4

类别	设计使用年限（年）	示例
1	5	临时性结构
2	25	易于替换的结构构件
3	50	普通房屋的构筑物
4	100	纪念性建筑和特别重要的建筑结构

建筑结构在规定的设计使用年限内应满足安全性、适用性和耐久性三项功能要求。

安全性指结构在正常施工和正常使用的条件下，能承受可能出现的各种作用；在设计规定的偶然事件（如强烈地震、爆炸、车辆撞击等）发生时和发生后，仍能保持必需的整体稳定性，即结构仅产生局部的损坏而不致发生连续倒塌。

适用性指结构在正常使用时具有良好的工作性能。例如，不会出现影响正常使用的过大变形或振动，不会产生使使用者感到不安的裂缝宽度等。

耐久性指在正常维护条件下结构能够正常使用到规定的设计使用年限。例如，结构材料不致出现影响功能的损坏，钢筋混凝土构件的钢筋不致因保护层过薄或裂缝过宽而锈蚀等。

结构的安全性、适用性和耐久性概括起来称为结构的可靠性，它是结构在规定时间（设计使用年限）内和规定条件（正常设计、正常施工、正常使用、正常维护）下完成预定功能的能力。但在各种随机因素的影响下，结构完成预定功能的能力不能事先确定，只能用概率来描述。为此，我们引入结构可靠度的概念，即结构在规定时间（设计使用年限）内和规定条件（正常设计正常施工、正常使用、正常维护）下完成预定功能的概率。结构的可靠度是结构可靠性的概率度量，即对结构可靠性的定量描述。结构可靠度与结构使用年限长短有关。《建筑结构可靠度设计统一标准》GB 50068—2018（以下简称《统一标准》）以结构的设计使用年限为计算结构可靠度的时间基准。当结构的使用年限超过设计使用年限后，并不意味着结构就要报废，但其可靠度将逐渐降低。还应说明，结构的设计使用年限不等同于设计基准期。

2. 结构功能的极限状态

结构能满足功能要求，称结构"可靠"或"有效"，否则称结构"不可靠"或"失效"。区分结构工作状态"可靠"与"失效"的界限是"极限状态"。所谓结构的极限状态，是指结构或构件满足结构安全性、适用性、耐久性三项功能中某一功能要求的临界状态。超过这一界限，结构或其构件就不能满足设计规定的该功能要求，而进入失效状态。结构极限状态分为以下两类：

（1）承载能力极限状态

对应于结构或结构构件达到最大承载力、出现疲劳破坏，发生不宜继续承载的变形或因结构局部破坏而引发的连续倒塌的状态称为承载能力极限状态。结构或构件如出现下列情况之一时，则认为超过了承载能力极限状态：

1）结构构件或连接构件因超过材料强度而破坏，或因过度变形而不适于继续承载。

2）整个结构或其一部分作为刚体失去平衡。

3）结构转变为机动体系。

4）结构或结构构件丧失稳定（如压屈等）。

5）结构因局部破坏而发生连续倒塌。

6）地基丧失承载力而破坏（如失稳等）。

7）结构或结构构件的疲劳破坏。

（2）正常使用极限状态

当结构或结构构件出现下列状态之一时，应认为超过了正常使用极限状态：

1）影响正常使用或外观的变形。

2）影响正常使用或耐久性能的局部损坏（包括裂缝）。

3）影响正常使用的振动（如对舒适度有要求的楼盖结构，应进行竖向自振频率验算）。

4）影响正常使用的其他特定状态。

结构设计时应对结构的不同极限状态分别进行计算或验算，当某一极限状态的计算或验算起控制作用时，可仅对该极限状态进行计算或验算。结构的设计状况代表一定时段内实际情况的一组设计条件，设计应做到结构在该时段内不超越有关极限状态。建筑结构设计时，应根据结构在施工和使用中的环境条件和影响，区分下列设计状况：

1）持久设计状况。在结构使用过程中一定出现，其持续期很长的状况，持续期一般与设计使用年限为同一数量级。如使用期间房屋结构承受家具和正常人员荷载的状况，以及桥梁结构承受车辆荷载的状况等。

2）短暂设计状况。在结构施工和使用过程中出现概率较大，而与设计使用年限相比，持续期很短的状况，如施工和维修等。

3）偶然设计状况。在结构使用过程中出现概率很小，且持续期很短的状况，如结构遭受火灾、爆炸、撞击等。

4）地震设计状况。在结构遭受地震时的状况，在地震设防地区必须考虑地震设计状况。

工程结构设计时，对不同的设计状况，应采用相应的结构体系、可靠度水平、基本变量和作用组合。对于四种设计状况，均应进行承载能力极限状态设计。对于持久设计状况，尚应进行正常使用极限状态设计。对于短暂设计状况和地震设计状况，可根据需要进行正常使用极限状态设计。对于偶然设计状况，可不进行正常使用极限状态设计。

3. 极限状态方程

确定荷载的大小和结构抗力后，剩下的问题是如何使所设计的结构构件能满足预定的功能要求。结构设计的目的是用经济的方法设计出足够安全可靠的结构。提到安全，人们往往以为只要把结构构件的承载力降低某一倍数，即除以大于1的某个安全系数，使结构具有一定的安全储备，便足以承担所承受的荷载，结构便安全了。实际上，这种概念并不正确。因为这样的安全系数并不能真正反映结构是否安全；超过了上述限值结构也不一定就不安全。何况安全系数的确定带有主观的成分在内。定得过低，难免不安全；定得过高，又将偏于保守，造成不必要的浪费。

结构的安全可靠与否，应当用结构完成其预定功能的可能性（概率）的大小来衡量，而不是用一个绝对的、不变的标准来衡量。没有绝对安全可靠的结构。当结构完成其预定功能的概率达到一定程度，或不能完成其预定功能的概率（也称为失效概率）小到某一公认的、可接受的程度就认为该结构是安全可靠的，其可靠性满足要求。这样来认识和定义结构的可靠性比笼统地用安全系数来衡量结构是否安全，是前进了一步且更为科学和合理。

为了定量地描述结构的可靠性，需引入可靠度的概念。结构可靠度是指结构在规定的时间内，在规定的条件下，完成预定功能的概率。因此，结构的可靠性是用结构完成预定功能的概率的大小来定量描述的。规定条件是指设计、施工、使用、维护均属于正常的情况，但不包括非正常的情况，例如人为的错误等。

若结构或构件只有荷载所产生的效应和结构或构件的抗力两个变量，这两个变量均为随机变量，可通过统计分析确定其服从何种概率分布。现假定其均服从正态分布，且相互独立。用 S 表示荷载效应，R 表示抗力。则由数理统计学可知，$R-S$ 为服从正态分布的随机变量。结构设计必须满足功能要求，即结构构件的荷载效应 S 不超过结构构件抗力 R，即 $S \leqslant R$，令 $Z=R-S$，Z 称为结构的功能函数。结构功能函数可用来判别结构所处的工作状态。$Z=R-S>0$，表示结构处于可靠状态；$Z=R-S=0$，表示结构处于极限状态；$Z=R-S<0$，表示结构处于失效状态。

上述方程中，$Z=R-S=0$ 称为极限状态方程，即当方程成立时，结构正处于极限状态这一分界。超过这一界限，就不能满足设计规定的安全性。

由此可见，结构可靠度要研究的是随机变量 Z 取值不小于零的概率。由于可靠概率 P_{s} 和失效概率 P_{f} 是互补的，即其和为 1，所以结构的可靠度也可用失效概率来度量，即：

$$P_{\mathrm{f}}=1-P_{\mathrm{s}} \tag{2-1}$$

由于可靠概率 P_{s} 的数值较大，因此常常用失效概率 P_{f} 衡量结构的可靠性能，结构设计就是要控制结构的失效概率不得超过规定值。不同类型的建筑物，对其可靠性的要求也不同，《工程结构可靠性设计统一标准》GB 50153—2008 根据建筑结构破坏后果（危机人的生命、造成经济损失、对社会或环境产生影响等）的严重程度将建筑结构划分不同的安全等级。

工程结构安全等级的划分应符合表 2-5 的规定。工程结构中各类结构构件的安全等级，宜与结构的安全等级相同，对其中部分结构构件的安全等级可进行调整，但不得低于三级。

工程结构安全等级表　　　表 2-5

安全等级	破坏后果	建筑物类型	设计使用年限	重要性系数
一级	很严重	重要的建筑物	100 年及以上	1.1
二级	严重	一般的建筑物	50 年	1.0
三级	不严重	次要的建筑物	5 年及以下	0.9

注：对重要的结构，其安全等级应取为一级；对一般的结构，其安全等级宜取为二级；对次要的结构，其安全等级可取为三级。

4. 概率极限状态设计法的实用设计表达式

概率极限状态设计法与过去采用过的其他各种方法相比更为科学合理，但实际设计计算时却相当复杂。对于一般常见的工程结构采用可靠指标进行设计并无必要。为此，《工程结构可靠性设计统一标准》GB 50153—2008 给出了简便实用的计算方法——分项系数法。采用荷载效应设计值 S（荷载分项系数与荷载效应标准值的乘积）和材料强度设计值 f（材料强度标准值除以材料强度分项系数）进行计算。其中，荷载分项系数是根据规定的目标可靠指标和不同的活载与恒载比值，对不同类型的构件进行反算后，得出相应的分项系数，从中经过优选，得出最合适的数值而确定的。混凝土的材料分项系数取 1.4；延性较好钢筋的材料分项系数取 1.1；高强度 500MPa 级钢筋的材料分项系数取 1.15；预应力筋的材料分项系数取 1.2，是根据轴心受拉构件和轴心受压构件按照目标可靠指标经过可靠度分析而确定的，当缺乏统计资料时，按工程经验确定。因而计算所得结果能满足可靠度的要求。

（1）承载能力极限状态设计表达式

任何结构构件均应进行承载力设计，以确保安全。混凝土结构的承载能力极限状态计算应包括下列内容：结构构件应进行承载力（包括失稳）计算；直接承受重复荷载的构件应进行疲劳验算；有抗震设防要求时，应进行抗震承载力计算；必要时应进行结构的倾覆、滑移、漂浮验算；对于可能遭受的偶然作用，且倒塌可能引起严重后果的重要结构，宜进行防连续倒塌设计。对持久设计状况、短暂设计状况和地震设计状况，当用内力的形式表达时，结构构件应采用下列承载能力极限状态设计表达式：

$$\gamma_{o}S \leqslant R \tag{2-2}$$
$$R = R(f_{c}、f_{s}、\alpha_{k}、\cdots)/\gamma_{Rd}$$

式中　γ_{o}——结构构件的重要性系数，见表 2-6；

S——承载能力极限状态下作用组合的效应设计作用的基本组合计算；对持久设计状况和短暂设计状况应按作用的基本组合计算；对地震设计状况应按地震作用组合计算；

R——结构构件的抗力设计值；

$R(\cdot)$——结构构件的抗力函数；

γ_{Rd}——结构构件的抗力模型不定性调整系数：静力设计取 1.0，对不确定性较大的结构根据具体情况取大于 1.0 的数值；抗震设计应用承载力抗震调整系数 γ_{Re} 代替 γ_{Rd}；

f_{c}、f_{s}——混凝土、钢筋的强度设计值；

α_{k}——几何参数的标准值，当几何参数的变异性对结构性能有明显的不利影响时，应增减一个附加值。

房屋建筑结构构件的重要性系数　表 2-6

结构重要性系数	对持久设计状况和短暂设计状况			对偶然设计状况和地震设计状况
	安全等级			
	一级	二级	三级	
γ_{o}	1.1	1.0	0.9	1.0

对于承载能力极限状态，结构构件应按荷载效应的基本组合进行计算，必要时应按荷载效应的偶然组合进行计算。

1）基本组合

a. 可变荷载控制的效应设计值

$$S = \sum_{j=1}^{m}\gamma_{G_{j}}S_{G_{jk}} + \gamma_{Q_{1}}y_{L_{1}}S_{Q_{1k}} + \sum_{i=2}^{n}\gamma_{Q_{i}}\gamma_{L_{i}}\psi_{C_{i}}S_{Q_{ik}} \tag{2-3}$$

式中　$\gamma_{G_{j}}$——第 j 个永久荷载的分项系数，当永久荷载效应对结构不利时，对由可变荷载效应控制的组合取 1.2，对由永久荷载效应控制的组合取 1.35；当永久荷载效应对结构有利时，不应大于 1.0；

$\gamma_{Q_{i}}$——第 i 个可变荷载的分项系数，其中 $\gamma_{Q_{1}}$ 为可变荷载 Q_{1} 的分项系数，一般情况下取 1.4；对标准值大于 $4kN/m^2$ 的工业房屋楼面结构的活荷载，应取 1.3；

$\gamma_{L_{i}}$——第 i 个可变荷载考虑设计使用年限的调整系数，其中 $\gamma_{L_{1}}$ 为可变荷载 Q_{1} 考虑设计使用年限的调整系数；对楼面和屋面活荷载应按表 2-7 采用；对雪荷载和风荷载，应取重现期为设计使用年限，按有关规范的规定采用；

$S_{G_{jk}}$——按永久荷载标准值 G_k 计算的荷载效应值；

$S_{Q_{ik}}$——按可变荷载标准值 Q_{ik} 计算的荷载效应值，其中 $S_{Q_{ik}}$ 为诸可变荷载效应中起控制作用者；

ψ_{C_i}——可变荷载 Q_i 的组合值系数，应分别按有关规范规定采用；

m——参与组合的永久荷载数；

n——参与组合的可变荷载数。

楼面和屋面活荷载考虑设计使用年限的调整系数　　　　　表 2-7

结构设计使用年限/年	5	50	100
γ_L	0.9	1.0	1.1

注：1. 当设计使用年限不为表中数值时，调整系数 γ_L 可按线性内插确定；

　　2. 对于荷载标准值可控制的活荷载，设计使用年限调整系数 γ_L 取 1.0。

b. 永久荷载控制的效应设计值

$$S = \sum_{j=1}^{m} \gamma_{G_j} S_{G_{jk}} + \sum_{i=1}^{n} \gamma_{Q_i} \gamma_{L_i} \psi_{C_i} S_{Q_{ik}} \tag{2-4}$$

基本组合中的效应设计值仅适用于荷载与荷载效应为线性的情况；当对 $S_{Q_{ik}}$ 无法明显判断时，轮次以各可变荷载效应，选其中最不利的荷载组合效应设计值。

对于基本组合，其内力组合设计值按式（2-3）和式（2-4）中最不利值确定。

2）偶然组合

a. 用于承载能力极限状态计算的效应设计值

$$S = \sum_{j=1}^{m} S_{G_{jk}} + S_{A_d} + \psi_{f_1} S_{Q_{ik}} + \sum_{i=2}^{n} \psi_{qi} S_{Q_{ik}} \tag{2-5}$$

式中　S_{A_d}——按偶然荷载设计值 A_d 计算的荷载效应值；

　　　ψ_{f_1}——第 1 个可变荷载的频遇值系数；

　　　ψ_{qi}——第 i 个可变荷载的准永久值系数。

b. 用于偶然事件发生后受损结构整体稳固性验算的效应设计值

$$S = \sum_{j=1}^{m} S_{G_{jk}} + \psi_{f_1} S_{Q_{ik}} + \sum_{i=2}^{n} \psi_{qi} S_{Q_{ik}} \tag{2-6}$$

组合中的设计值仅适用于荷载与荷载效应为线性的情况。

（2）正常使用极限状态设计表达式

由于结构构件达到或超过正常使用极限状态时的危害程度不如承载力不足引起结构破坏时大，故对其可靠度的要求可适当降低。因此，按正常使用极限状态设计时，对于荷载组合值，不需要乘以荷载分项系数，也不再考虑结构的重要性系数 γ_0。其极限状态表达式为：

$$S \leqslant C \tag{2-7}$$

式中　S——正常使用极限状态荷载组合的效应设计值；

　　　C——结构构件达到正常使用要求所规定的变形、应力、裂缝宽度和自振频率等的限值。

在此情况下，可变荷载作用时间的长短对于变形和裂缝的大小显然是有影响的。可变荷载的最大值并非长期作用于结构之上，故应按其在设计基准期内作用时间的长短对其标准值进行折减。因此，引入准永久值系数（小于 1）用以考虑可变荷载作用时间的长短。根据实际设计工作中的需要，研究正常使用极限状态的设计表达式时，须区分荷载短期作用和荷载长期作用下构件的变形大小和裂缝宽度的计算。为此，根据不同的设计目的，分别考虑频遇效应组合和准永久效应组合。

1）标准组合的效应设计值

$$S = \sum_{j=1}^{m} S_{G_{jk}} + S_{Q_{ik}} + \sum_{i=2}^{n} \psi_{ci} S_{Q_{ik}} \tag{2-8}$$

2）频遇组合的效应设计值

$$S = \sum_{j=1}^{m} S_{G_{jk}} + \psi_{f_1} S_{Q_{ik}} + \sum_{i=2}^{n} \psi_{qi} S_{Q_{ik}} \tag{2-9}$$

3）准永久组合的效应设计值

$$S = \sum_{j=1}^{m} S_{G_{jk}} + \sum_{i=1}^{n} \psi_{qi} S_{Q_{ik}} \tag{2-10}$$

按正常使用极限状态设计，主要是验算结构构件的变形、抗裂度、裂缝宽度和竖向自振频率。

根据使用要求需控制变形的构件，应进行验算。对于钢筋混凝土受弯构件，其最大挠度应按荷载的准永久组合，预应力混凝土受弯构件的最大挠度应按荷载的标准组合，并均应考虑荷载长期作用的影响进行计算，其计算值不应超过表 2-8 的挠度限值。

受弯构件的挠度限值　　　　　　　　　　　　　　　　　　　　表 2-8

构件类型		挠度限值
吊车梁	手动吊车	$l_0/500$
	电动吊车	$l_0/600$
屋盖、楼盖及楼梯构件	当 $l_0 < 7\text{m}$ 时	$l_0/200$（$l_0/250$）
	当 $7\text{m} \leqslant l_0 \leqslant 9\text{m}$ 时	$l_0/250$（$l_0/300$）
	当 $l_0 > 9\text{m}$ 时	$l_0/300$（$l_0/400$）

注：1. 表中 l 为构件的计算跨度；计算悬臂构件的挠度限值时，其计算跨度 l 按实际悬臂长度的 2 倍取用。
2. 表中括号内的数值适用于使用上对挠度有较高要求的构件。
3. 如果构件制作时预先起拱，且使用上也允许，则在验算挠度时，可将计算所得的挠度值减去起拱值；对预应力混凝土构件，尚可减去预应力所产生的反拱值。
4. 构件制作时的起拱值和预加力所产生的反拱值，不宜超过构件在相应荷载组合作用下的计算挠度值。

结构构件设计时，尚应根据不同的裂缝控制等级进行抗裂和裂缝宽度验算。裂缝控制等级分为三级：

一级：严格要求不出现裂缝的构件，按荷载标准组合计算时，构件受拉边缘混凝土不应产生拉应力。

二级：一般要求不出现裂缝的构件，按荷载标准组合计算时，构件受拉边缘混凝土拉应力不应大于混凝土抗拉强度的标准值。

三级：允许出现裂缝的构件，对钢筋混凝土构件，按荷载准永久组合并考虑长期作用影响计算时，构件的最大裂缝宽度不应超过规定的最大裂缝宽度限值。

对混凝土楼盖结构应根据使用功能的要求进行竖向自振频率验算，住宅和公寓不宜低于 5Hz，办公楼和旅馆不宜低于 4Hz，大跨度公共建筑不宜低于 3Hz。

任务 2 钢筋和混凝土材料力学性能

钢筋混凝土结构是由钢筋和混凝土两种材料组成的结构。钢筋和混凝土的力学性能以及工作的特性直接影响钢筋混凝土结构和构件的性能，也是钢筋混凝土结构计算理论和设计方法的基础。

子任务 1 钢筋的力学性能

用于混凝土结构的钢筋，应具有较高的强度和良好的塑性，便于加工和焊接，并应与混凝土具有足够的粘结力。特别是用于预应力混凝土结构的预应力钢筋应具有很高的强度，只有如此，才能建立起较高的张拉应力，从而获得较好的预压效果。

1. 钢筋的种类

钢筋混凝土结构中所用的钢筋品种很多，按外形分为光圆钢筋和带肋钢筋（或称变形钢筋），如图 2-1 所示。光圆钢筋横截面通常为圆形，表面光滑。带肋钢筋横截面通常也为圆形，但表面带肋，钢筋表面的肋纹有利于钢筋和混凝土两种材料的结合。光圆钢筋的直径一般为 6～22mm，带肋钢筋的直径一般为 6～50mm。

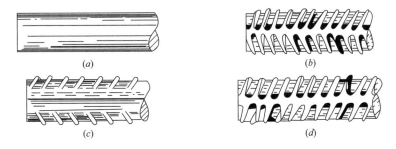

图 2-1　钢筋的形式

(a) 光面钢筋；(b) 螺纹钢筋；(c) 人字钢筋；(d) 月牙钢筋

直径较小的钢筋（直径小于 6mm）也称为钢丝，钢丝的外形通常为光圆的。在光圆钢丝的表面上进行轧制纹，形成螺旋肋钢丝。将多股钢丝捻在一起，并经低温回火处理清除内应力后形成钢绞线。钢绞线可分为 2 股、3 股、7 股 3 种。

钢材按其化学成分的不同，可分为碳素钢和普通低合金钢。碳素钢的化学成分以铁为主，还含有少量的碳、硅、锰、硫、磷等元素。碳素钢按其含碳量的多少可分为低碳钢（含碳量＜0.25%）、中碳钢（含碳量＝0.25%～0.6%）、高碳钢（含碳量＝0.6%～1.4%）。碳素钢的强度随含碳量的增加而提高，但塑性、韧性下降，同时可焊性、抗腐蚀性及冷弯性能降低。普通低合金钢是碳素钢中加入合金元素，如硅、锰、钒、钛等，能提高钢材的强度和抗腐蚀性能，又不显著降低钢的塑性。

用于钢筋混凝土结构中的钢筋和预应力混凝土结构的非预应力钢筋常用热轧钢筋，是由低碳钢、普通低合金钢在高温状态下轧制而成。热轧钢筋有热轧光圆钢筋（Hot Plain Bars）和热轧带肋钢（Hot Rolled Ribbed Bars）。热轧光圆钢筋有 HPB300，其牌号由 HPB 与屈服强度特征值构成，用符号 A 表示；热轧带肋钢筋有 HRB335、HRB400、HRB500，其牌号由 HRB 与屈服强度特征值构成，分别用符号 B、C、D 表示。

热轧光圆钢筋的强度较低，但塑性及焊接性能很好，便于各种冷加工，实际工程中用于板、基础和荷载不大的梁、柱的受力主筋箍筋以及其他构造钢筋。HRB335 和 HRB400 钢筋强度较高，塑性和焊接性能也较好，广泛用于大、中型钢筋混凝土结构的受力钢筋。HRB500 钢筋强度高，但塑性和焊接性能较差，可用作预应力钢筋。

此外，热轧钢筋还有细晶粒热轧钢（Hot Rolled Ribbed Bars Fine）。细晶粒热轧钢筋是在热轧过程中，通过控轧和控冷工艺形成的钢筋。细晶粒热轧钢筋有 HRBF335、HRBF400 和 HRBF500，其牌号由 HRBF 与屈服强度特征值构成，分别用符号 B^F、C^F、D^F 表示。

《混凝土结构设计规范》GB 50010—2010 建议钢筋混凝土结构及预应力混凝土结构的钢筋，应按下列规定选用：

普通纵向受力钢筋宜采用 HRB400、HRB500、HRBF400 和 HRBF500 钢筋；也可采 HRB335、HRBF335 和 RRB400 钢筋。

梁、柱纵向受力普通钢筋应采用 HRB400、HRB500、HRBF400 和 HRBF500 钢筋。

普通箍筋宜采用 HRB400、HRBF400、HRB500 和 HRBF500 钢筋，也可采用 HRB335、HRBF335 和 HPB300 钢筋。

预应力钢筋宜采用预应力钢丝、钢绞线、预应力螺纹钢筋。

2. 钢筋的强度和变形

在钢筋混凝土结构中，有明显流幅的钢筋称为软钢，如热轧钢筋；无明显流幅的钢筋称为硬钢，如钢丝、钢绞线等。通过对两类钢筋进行拉伸试验，可以认识对钢筋强度和变形性能。图 2-2 和图 2-3 分别为对有明显流幅的钢筋和无明显流幅的钢筋拉伸试验记录到的两种应力-应变关系曲线，可以看到两者的特征具有明显差异。

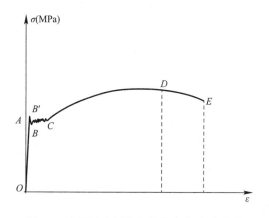

图 2-2　有明显流幅的钢筋的应力-应变曲线

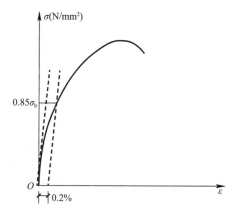

图 2-3　无明显流幅的钢筋的应力-应变曲线

图 2-1 中，有明显流幅的钢筋的应力-应变关系曲线分为四个阶段。A 点以前，应力与应变呈线性比例关系，与 A 点相应的应力称为比例极限，这一阶段称为弹性阶段；过 A 点后，应变较应力增长稍快，到达 B 点后，应变产生塑性流动现象，B 点称为屈服上限，应力下降至 B 点屈服下限后，应力不增加，应变迅速增加，曲线接近水平线，$B'C$ 段曲线

称为屈服台阶或流幅，这阶段称为屈服阶段；过 C 点后，曲线继续上升，直至最高点 D，CD 段称为强化阶段，D 点相应的应力称为钢材的抗拉强度或极限强度；过 D 点后，变形迅速增加，试件最薄弱处的截面逐渐缩小，出现"颈缩现象"，应力随之下降，到达 E 点时试件断裂，这一阶段称为颈缩阶段。

（1）有明显流幅的钢筋（软钢）

有明显流幅的钢筋，断裂时有"颈缩现象"，破坏前有明显预兆，呈塑性破坏。

（2）无明显流幅的钢筋（硬钢）

图 2-3 中，无明显流幅的钢筋的应力-应变关系曲线看不到明显的屈服台阶，达到极限强度后很快被拉断。该种钢材强度高、塑性差，破坏前没有明显预兆，呈脆性破坏。

有明显流幅的钢筋取屈服强度作为强度标准值，原因是构件中的钢筋应力达到屈服点后，将产生很大的塑性变形，使钢筋混凝土构件出现很大变形和不可闭合的裂缝，以至不能使用。由于屈服上限不稳定，一般取屈服下限作为强度标准值。无明显流幅的钢筋通常取相应于残余应变 $\varepsilon = 0.2\%$ 时所对应的应力 $\sigma_{0.2}$ 作为假想屈服强度或条件屈服强度，也就是该钢筋的强度标准值。$\sigma_{0.2}$ 不得小于抗拉强度的 85%（$0.85\sigma_b$）。因此实际中可取抗拉强度的 85% 作为条件屈服点。

（3）钢筋强度标准值和设计值

《混凝土结构设计规范》GB 50010—2010 规定材料强度标准值 f_{yk} 应具有不小于 95% 的保证率。普通钢筋的屈服强度标准值、极限强度标准值按表 2-9 采用，普通钢筋的抗拉强度设计值、抗压强度设计值按表 2-10 采用，预应力钢筋的屈服强度标准值、极限强度标准值按表 2-11 采用，预应力钢筋的抗拉强度设计值、抗压强度设计值按表 2-12 采用。

普通钢筋强度标准值　　　　　　　　　　　　　　　　　　　　　表 2-9

牌号	符号	公称直径 d(mm)	屈服强度标准值 f_{yk}(N/mm²)	极限强度标准值 f_{stk}(N/mm²)
HPB300	A	6～22	300	420
HRB335 HRBF335	B B^F	6～50	335	455
HRB400 HRBF400 RRB400	C C^F C^R	6～50	400	540
HRB500 HRBF500	D D^F	6～50	500	630

普通钢筋强度设计值（单位：N/mm²）　　　　　　　　　　　　　表 2-10

牌号	抗拉强度设计值 f_y	抗压强度设计值 f_y'
HPB300	270	270
HRB335、HRBF335	300	300
HRB400、HRBF400、RRB400	360	360
HRB500、HRBF500	435	410

预应力钢筋的强度标准值   表 2-11

种类		符号	公称直径 d(mm)	屈服强度标准值 f_{pyk}(N/mm²)	极限强度标准值 f_{ptk}(N/mm²)
预应力螺纹钢筋	螺纹	A^T	18、25、32、40、50	785	980
				930	1080
				1080	1230
消除应力钢丝	光面螺旋肋	A^P A^H	5	—	1570
			7	—	1860
			9	—	1570
钢绞线	1×3 (三股)	A^S	8.6、10.8、12.9	—	1570
				—	1860
				—	1960
	1×7 (七股)		9.5、12.7、15.2、17.8	—	1720
				—	1860
				—	1960
			21.6	—	1860

预应力钢筋的强度设计值（单位：N/mm²）   表 2-12

种类	极限强度标准值 f_{ptk}	抗拉强度设计值 f_{pyk}	抗压强度设计值 f'_{py}
中强度预应力钢丝	800	510	
	970	650	410
	1270	810	
消除应力钢丝	1470	1040	
	1570	1110	410
	1860	1320	
钢绞线	1570	1110	
	1720	1220	
	1860	1320	390
	1960	1390	
预应力螺纹钢筋	980	650	
	1080	770	410
	1230	900	

（4）钢筋的弹性模量

钢筋的弹性模量是反映弹性阶段钢筋应力与应变关系的物理量，用式（2-11）计算。

$$E_s = \frac{\sigma_s}{\varepsilon_s}$$
(2-11)

式中 E_s——钢筋的弹性模量；

      σ_s——屈服前钢筋的应力，单位为 N/mm²；

      ε_s——相应钢筋的应变。

钢筋的弹性模量由拉伸试验测定，对同一种类的钢筋，受拉和受压的弹性模量相同。钢筋的弹性模量见表 2-13。

钢筋的弹性模量　　　　　　　　　　　　　　　　　　　表 2-13

牌号或种类	弹性模量 E_s（$\times 10^5 \mathrm{N/mm^2}$）
HPB300 钢筋	2.10
HRB335、HRB400、HRB500 钢筋 HPBF335、HRBF400、HRBF500 钢筋 RRB400 钢筋 预应力螺纹钢筋	2.00
清除应力钢丝、中强度预应力钢丝	2.05
钢绞丝	1.95

子任务 2　混　凝　土

普通混凝土是由砂、石、水泥、水按一定比例配合，经搅拌、成型、养护而形成的人造石材。其中砂、石起骨架作用，称为骨料。水泥与水形成水泥浆，包裹在骨料表面并填充其空隙。混凝土广泛应用于土木工程。

1. 混凝土的强度

（1）立方体抗压强度

立方体抗压强度标准值是按标准方法制作、养护的边长为 150mm 的立方体试件，在 28d 龄期或设计规定龄期，以标准试验方法测得的具有 95% 保证率的抗压强度值，以 $f_{cu,k}$ 表示。

立方体抗压强度标准值的测得与试验时的试验方法、加载速度、试件尺寸的大小、混凝土的龄期有很大关系。

将表面不涂润滑剂的试件直接放在压力机的上下两块垫板之间进行加压，如图 2-4（a）所示，试件纵向受压缩短，而横向将扩展，由于压力机垫板与试件上、下表面之间的摩擦力影响，将试件上下端箍住，阻碍了试件上下端的变形，提高了试件的立方体抗压强度。接近试件中间部分"箍"的约束影响减小，混凝土比较容易发生横向变形。随着荷载的增加，当压力使试件应力水平达到极限值时，试件由于受到竖向和水平摩擦力的复合作用，首先沿斜向破裂，中间部分的混凝土最先达到极限应变而鼓出塌落，形成对顶的两个角锥体，如图 2-4（b）所示。如果在试件和压力机之间加一些润滑剂，这时试件与压力机垫板间的摩擦力减小，其横向变形几乎不受约束，试件沿着几乎与力的作用方向平行地产生几条裂缝而破坏，如图 2-4（c）所示。上述方法所测得的混凝土立方体抗压强度较低，

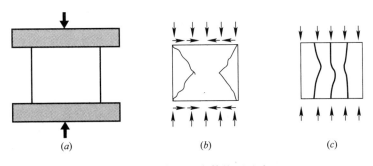

图 2-4　混凝土立方体抗压试验

而《混凝土结构设计规范》GB 50010—2010 规定的标准试验方法中不涂润滑剂，这比较符合实际使用情况。

试件的尺寸大小不同，试验时试件上下表面的摩擦力产生"箍"的作用也将不同，因此，当试件上下表面不涂润滑剂加压测试，得到的立方体抗压强度值与试件尺寸有很大关系，立方体试件尺寸越小，立方体抗压强度值越高。对于边长为非标准的立方体试件，根据试验资料分析，其立方体抗压强度值应乘以换算系数，以换成标准试件的立方体抗压强度。当采用边长为 200mm 和 100mm 的立方体试件时，其换算系数分别取 1.05 和 0.95。

试验时加载速度对立方体抗压强度也有影响，加载速度越快，测得的立方体抗压强度越高。通常规定加载速度为：混凝土强度等级低于 C30 时，取每秒 0.3～0.5N/mm^2；当混凝土强度等级等于或高于 C30 时，取每秒 0.5～0.8N/mm^2。

此外，随着混凝土的龄期逐渐增长，立方体抗压强度增长速度开始较快，后来逐渐趋缓，这种强度增长的过程往往延续若干年，在潮湿环境中延续时间会更长。

立方体抗压强度标准值是基本代表值，也是混凝土强度等级的划分依据，其他强度可由其换算得到。混凝土强度等级的划分以混凝土立方体抗压强度标准值为标准，分为 C15、C20、C25、C30、C35、C40、C45、C50、C55、C60、C65、C70、C75 和 C80 共 14 个等级，其中 C50～C80 属于高强度混凝土范畴。混凝土强度等级中 C 代表混凝土，数字部分表示以 N/mm^2 为单位的立方体抗压强度标准值的数值。

根据混凝土结构工程的不同情况，应选择不同强度等级的混凝土。《混凝土结构设计规范》GB 50010—2010 建议：素混凝土结构的混凝土强度等级不应低于 C15；钢筋混凝土结构的混凝土强度等级不应低于 C20；当采用 400MPa 及以上的钢筋时，混凝土强度等级不应低于 C25；预应力混凝土结构的混凝土强度等级不宜低于 C40，且不应低于 C30；承受重复荷载的构件，混凝土强度等级不应低于 C30。

（2）轴心抗压强度

轴心抗压强度标准值是以 150mm×150mm×300mm 棱柱体为标准试件，在 28d 龄期，用标准试验方法测得的具有 95％保证率的抗压强度值，以 $f_{cu,k}$ 表示。

在实际工程中，钢筋混凝土轴心受压构件，如柱、屋架受压弦杆等，长度比横截面尺寸大得多，构件的混凝土强度与混凝土棱柱体轴心抗压强度接近。因此，轴心抗压强度采用棱柱体为标准试件可以反映混凝土结构的实际受力情况，在构件设计时，混凝土强度多采用轴心抗压强度。

测得的轴心抗压强度标准值同样与试验时的试验方法、加载速度、试件的尺寸大小、混凝土的龄期有很大关系。其中，棱柱体试件高度越大，试验机垫板与试件之间的摩擦力对试件高度中部的横向变形的约束影响越小，所以棱柱体试件的高宽比越大，轴心抗压强度值越低。根据试验分析，对于高宽比为 2～3 的棱柱体试件，可消除上述因素的影响。

棱柱体轴心抗压试验及破坏情况如图 2-5 所示。

在试验研究的基础上，考虑到实际结构构件制作、养护和受力情况，实际构件强度与试件强度之间存在的差异，《混凝土结构设计规范》GB 50010—2010 基于安全，用式（2-12）表示轴心抗压强度标准值与立方体抗压强度标准值的关系：

$$f_{ck} = 0.88\alpha_1\alpha_2 f_{cu,k} \tag{2-12}$$

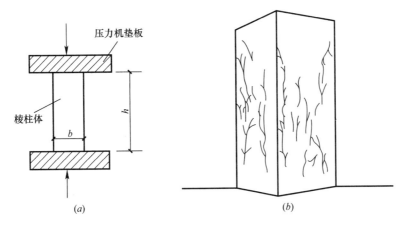

图 2-5 混凝土轴心抗压试验及破坏情况
(*a*) 试验装置；(*b*) 破坏情况

式中 α_1——棱柱体强度与立方体强度之比，对混凝土等级为 C50 及以下的取 $\alpha_1 = 0.76$，
对 C80 取 $\alpha_1 = 0.82$，在此之间按线性插值法取值；

α_2——高强度混凝土的脆性折减系数，对 C40 取 $\alpha_2 = 1.00$，对 C80 取 $\alpha_2 = 0.87$，在
此之间按线性插值法取值；

0.88——考虑实际结构构件制作、养护和受力情况，实际结构构件与试件混凝土强度
之间的差异而取用的折减系数。

《混凝土结构设计规范》GB 50010—2010 给出的混凝土轴心抗压强度标准值和轴心抗
压强度设计值见表 2-14、表 2-15。

混凝土强度标准值（单位：N/mm²）   表 2-14

强度	混凝土强度等级													
	C15	C20	C25	C30	C35	C40	C45	C50	C55	C60	C65	C70	C75	C80
f_{ck}	10.0	13.4	16.7	20.1	23.4	26.8	29.6	32.4	35.5	38.5	41.5	44.5	47.4	50.2
f_{tk}	1.27	1.54	1.78	2.01	2.20	2.39	2.51	2.64	2.74	2.85	2.93	2.99	3.05	3.11

混凝土强度设计值（单位：N/mm²）   表 2-15

强度	混凝土强度等级													
	C15	C20	C25	C30	C35	C40	C45	C50	C55	C60	C65	C70	C75	C80
f_c	7.2	9.6	11.9	14.3	16.7	19.1	21.1	23.1	25.3	27.5	29.7	31.8	33.8	35.9
f_t	0.91	1.10	1.27	1.43	1.57	1.71	1.80	1.89	1.96	2.04	2.09	2.14	2.18	2.22

(3) 轴心抗拉强度

轴心抗拉强度试验的标准试件是两端预埋钢筋的棱柱体，如图 2-6 所示。

但采用图 2-6 的试件直接进行轴心抗拉试验并不容易保证试件处于轴心受拉状态，试
件的偏心受力会影响轴心抗拉强度测定的准确性。所以国内外也常用如图 2-7 所示的圆柱
体或立方体的劈裂试验来直接测定混凝土抗拉强度。

《混凝土结构设计规范》GB 50010—2010 用式 (1-13) 表示轴心抗拉强度标准值与立
方体抗压强度标准值的关系：

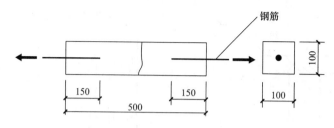

图 2-6 轴心抗拉强度试验

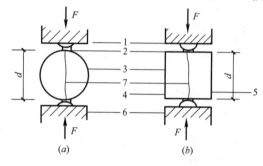

图 2-7 劈裂试验

（a）圆柱体试件；（b）立方体试件

1—上压板；2—垫层；3—试块；4—左夹具；

5—右夹具；6—下压板；7—劈裂面

$$f_{tk} = 0.88 \times 0.395 \times f_{cu,k}^{0.55}$$
$$(1 - 1.645\delta)^{0.45} \times \alpha_2 \qquad (2-13)$$

混凝土轴心抗拉强度标准值和轴心抗拉强度设计值见附表1-11、附表1-12。钢筋混凝土的抗裂性、抗剪承载力、抗扭承载力等均与混凝土的抗拉强度有关。在多轴应力状态下的混凝土强度理论中，混凝土的抗拉强度是一个非常主要的参数。

2. 混凝土的变形

（1）在一次短期加荷时的变形性能

混凝土在一次短期荷载作用下的应力-应变关系曲线反映了受荷各个阶段混凝土内部的变化及其破坏的机理，它是研究钢筋混凝土结构极限强度理论（截面应力分析、内力重分布、刚度和挠度、抗裂性和裂缝宽度控制、结构抗震性能等）的重要依据。

试验表明，完整的应力-应变曲线包括上升段和下降段两部分（图2-8）。

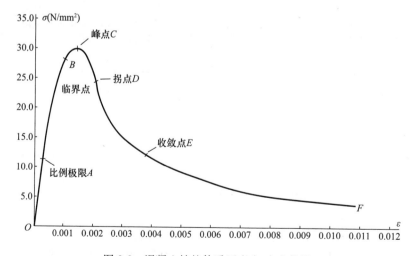

图 2-8 混凝土棱柱体受压应力-应变曲线

1）上升段（OC）

上升段分为三个阶段，从加荷至 A 点（应力约为 $0.3f_c \sim 0.4f_c$），由于试件中应力较小，混凝土的变形主要是骨料和水泥结晶体受力产生的弹性变形，水泥胶体的黏性流动以及初始微裂变化的影响很小，故应力与应变关系接近直线，一般称 A 点为比例极限点，OA 为第一阶段。

超过 A 点，进入第二阶段——稳定裂缝扩展阶段，至临界点 B，临界点应力可作为长期抗压强度的依据。

此后试件中所积蓄的弹性应变能始终保持大于裂缝发展所需要的能量，形成裂缝不稳定的快速发展状态直至峰点 C，即第三阶段（如前所述的受压破坏机理）。这时，达到的峰值应力 σ_{max} 称为混凝土棱柱体抗压强度 f_c，相应的应变称为峰值应变 ε_0，其值在 $0.0015 \sim 0.0025$ 波动，平均值为 0.002。

2）下降段（CE）

混凝土达到峰值应力后裂缝继续扩展。在峰值应力以后，裂缝迅速发展，内部结构的整体性受到越来越严重的破坏，赖以传递荷载的传力路线不断减少，试件的平均应力下降，所以应力-应变向下弯曲，直到曲线的凹向发生改变（即曲率为零的点 D），称该点为"拐点"。

超过"拐点"，结构受力性能开始发生本质的变化，骨料间的咬合力及摩擦力开始与残余承压面共同承受荷载。随着变形的增加，应力-应变曲线逐渐凸向水平轴方向，此段曲线中曲率最大的点 E 称为"收敛点"。

从"收敛点"开始以后的曲线称为收敛段，此时贯通的主裂缝已经很宽，结构内聚力已几乎耗尽，收敛段（EF）对于无侧向约束的混凝土已失去结构意义。

（2）混凝土在长期荷载作用下的变形性能

混凝土试件在受压后，除产生瞬时应变外，在维持其外力不变形的条件下经过若干时间，其变形还将继续增大。这种在荷载长期作用下，即使应力不变，应变也随时间而增长的现象称为混凝土的徐变。

徐变的产生将增加构件的变形（如长期荷载作用下受弯构件的挠度由于受压区混凝土的徐变可增加一倍），在截面中引起应力重分布（如使轴心受压构件中的钢筋应力增加，混凝土应力减少）。在预应力混凝土结构中，混凝土的徐变将引起相当大的预应力损失。

影响混凝土徐变的因素有：

1）混凝土的组成成分对徐变有很大影响，水泥用量越多，水灰比越大，徐变越大；增加混凝土的骨料的含量，其骨料越坚硬，弹性模量越高，对徐变的约束作用越大，混凝土徐变就减小。

2）混凝土的制作方法、养护条件，特别是养护时的温度、湿度对徐变有重要影响。养护条件好，养护时温度高、湿度大，水泥水化作用越充分，徐变越小。

3）加荷时混凝土的龄期越小，徐变越大，受荷后所处环境的温度越高、湿度越低，则徐变越大，构件加载前混凝土强度越高，徐变就越小。

4）构件截面的形状、尺寸也会对徐变产生很大的影响，大尺寸混凝土构件内部失水受到限制，徐变减小。

5）钢筋的存在以及应力的性质（拉、压应力等）对徐变也有影响。

6）混凝土在长期荷载作用下的应力大小。应力越大，则徐变越大。

（3）混凝土的收缩

混凝土在空气中结硬时体积减小的现象称为收缩。

混凝土的收缩值随时间而增长。蒸汽养护的收缩值要低于常温养护下的收缩值。引起混凝土收缩的主要原因，一是由于干燥失水而引起，如水泥水化凝固结硬、颗粒沉陷析水和干燥蒸发等；二是由于碳化作用而引起的。总之，收缩现象是混凝土内水泥浆凝固硬化过程中的物理化学作用的结果。

混凝土收缩的影响因素有：

1）水泥用量和水灰比。水泥越多和水灰比越大，收缩也越大、另外，减水剂的使用可减小收缩。

2）水泥标号和品种。高标号水泥制成的混凝土构件收缩大。不同品种的水泥制成的混凝土收缩水平不同，如矿渣水泥具有干缩性大的缺点。

3）骨料的物理性能。骨料的弹性模量大、收缩小。

4）养护和环境条件。在结硬过程中，养护和环境条件好（温、湿度大），收缩小。

5）混凝土制作质量。混凝土振捣越密实，收缩越小。

6）构件的体积与表面积比。比值大时，收缩小。

混凝土的自由收缩只会引起构件体积的缩小而不会产生裂缝。但当外部（如支承条件）或内部（钢筋）受约束时，因收缩受到限制而产生拉应力甚至开裂。

混凝土的收缩对钢筋混凝土和预应力混凝土结构构件会产生十分有害的影响。如混凝土构件受到约束时，混凝土的收缩会使构件中产生收缩应力，收缩应力过大，就会使构件产生裂缝，以致影响结构的正常使用；在预应力混凝土构件中混凝土的收缩将引起钢筋预应力的损失等。因此，应当设法减小混凝土的收缩，避免对结构产生有害的影响。

子任务 3　钢筋和混凝土之间的粘结力

1. 粘结力的组成

钢筋和混凝土两种材料的物理力学性能很不相同，但它们却可以结合在一起共同工作。钢筋与混凝土能够共同工作的原因有两个：一是钢材与混凝土具有基本相同的线膨胀系数——钢材为 $1.2 \times 10^{-5} \text{℃}^{-1}$、混凝土为（$1.0 \sim 1.5$）$\times 10^{-5} \text{℃}^{-1}$，因此当温度变化时，两种材料不会产生过大的变形差而导致两者间的粘结力破坏；二是它们之间存在粘结力，在荷载作用下，能够保证两种材料变形协调，共同受力。

钢筋与混凝土之间的粘结力由三部分组成：

（1）化学胶结力：由于混凝土颗粒的化学作用在钢筋表面产生了化学粘结力或吸附力。这种力一般很小，当接触面发生相对滑移时就消失了。

（2）摩擦力：由于混凝土收缩将钢筋紧紧握裹而产生的力。钢筋和混凝土之间的挤压力越大、接触面越粗糙，则摩擦力越大。

（3）机械咬合力：钢筋表面凹凸不平与混凝土之间产生的机械咬合作用而产生的力。变形钢筋的横肋会产生这种咬合力，它的咬合作用往往很大，是变形钢筋粘结力的主要来源。

2. 粘结力的测定

粘结力的测定要通过专门试验，试验方法有两种，一种是拉拔试验或拔出试验（锚固粘结），另外一种是压入试验。

现以拔出试验为依据研究钢筋的粘结力。试验时，将钢筋的一端埋置在混凝土试件中，在伸出的一端施力将钢筋拔出，如图 2-9 所示。经测定，粘结应力的分布是曲线，从拔出力一边的混凝土端面开始迅速增长，在靠近端面的一定距离处达到峰值，其后逐渐衰减。虽然，钢筋埋入混凝土中的长度越长，则将钢筋拔出混凝土试件所需的力就越大，但是，埋入长度过长则过长部分的粘结力很小，甚至为零，说明过长部分的钢筋不起作用。所以，受拉钢筋在支座或节点中保证有足够的长度，称为"锚固长度"，即可保证钢筋在混凝土中有可靠的锚固。

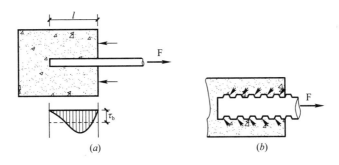

图 2-9　拔出试验

(*a*) 光圆钢筋拔出试验；(*b*) 变形钢筋拔出试验

试验还表明，变形钢筋由于钢筋表面凹凸不平，其粘结应力比光圆钢筋的大。

3. 保证钢筋和混凝土之间粘结力的措施

（1）保证足够的锚固长度，通过钢筋埋置段或机械措施将钢筋所受的力传给混凝土，从而保证钢筋和混凝土之间粘结力。锚固长度应满足《混凝土结构设计规范》GB 50010—2010 的要求。

（2）保证钢筋周围的混凝土应有足够的厚度，即保证保护层的厚度，使混凝土牢固包裹并保护钢筋。

（3）光面钢筋的粘结性能较差，钢筋末端加弯钩可提高粘结力，变形钢筋不需加弯钩。

当普通纵向受拉钢筋末端采用弯钩或机械锚固措施时，弯钩和钢筋机械锚固的形式如图 2-10 所示。

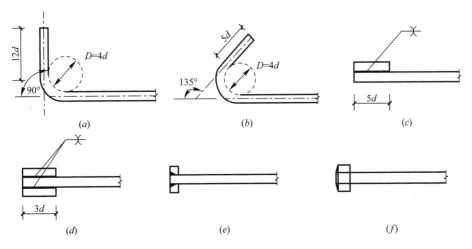

图 2-10　钢筋的弯钩及机械锚固形式

(*a*) 90°弯钩；(*b*) 135°弯钩；(*c*) 一侧贴焊锚筋；(*d*) 两侧贴焊锚筋；(*e*) 穿孔塞焊锚板；(*f*) 螺栓锚头

项目 2　框架结构水平构件结构设计

单元 3　单跨静定梁的内力

【知识目标】

掌握平面弯曲梁的内力计算及内力图的做法。

【能力目标】

能够根据受弯构件所受的不同性质的外力，计算出受弯构件的剪力和弯矩，并准确绘制出剪力图和弯矩图。根据总结归纳，能够迅速绘制单跨静定梁在简单荷载作用下的剪力图和弯矩图。

【素质目标】

具有细心踏实，勇于创新的职业精神，具有集体意识、良好的职业道德修养和与他人合作的精神。

【任务介绍】

沈阳××办公楼，建筑面积为 $15226.4m^2$，地上 15 层，为框架结构。主入口雨篷处有一道简支梁，梁的截面尺寸为 $900mm \times 700mm$，梁长 5m。

【任务分析】

根据任务，对单跨静定梁进行受力分析及画出受力分析图，求简支梁的支座反力，及受弯构件的内力（剪力、弯矩）绘制剪力图、弯矩图。

任务 1　单跨静定梁的受力分析及受力分析图

钢筋混凝土受弯构件是指仅承受弯矩和剪力作用的构件。在工业和民用建筑中，钢筋混凝土受弯构件是结构构件中用量最大、应用最为普遍的一种构件，如建筑物中大量的梁、板都是典型的受弯构件。

单跨梁是梁的一种较为简单和基本的结构形式，就是两端各有一个位移约束点的梁，单跨梁主要有以下三种形式，即简支梁、伸臂梁、悬臂梁。静定梁，是指在外力因素作用下全部支座反力和内力都可由静力平衡条件确定的梁即为静定梁。

单跨静定梁的受力分析及受力分析图：

（1）固定铰链支座约束

在销钉连接中，如果将其中的一个构件作为支座固定在地面或机架上，便形成了对另一构件的约束，则这种连接称为固定铰链连接。这一结构中的另一构件可绕支座相对转动而不能移动，其受到的约束反力同销钉或螺栓连接，对应的简图和受力图如图 3-1 所示。

（2）可动铰链支座约束

可动铰链支座又称辊轴支座，它是在固定铰链支座的底部安装一排滚轮，使支座可沿支承面移动。可动铰链支座约束只能限制构件沿支承面法线方向的移动，对应的约束反力的作用线必沿支承面的法线，且过铰链中心。其对应的简图和受力图如图 3-2 所示。

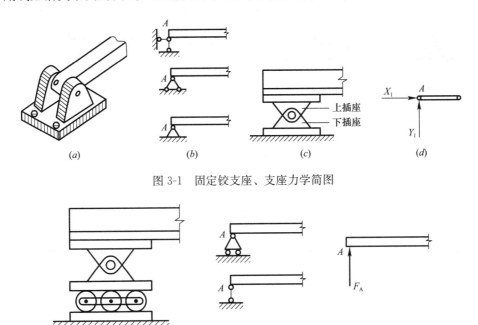

图 3-1　固定铰支座、支座力学简图

图 3-2　活动铰支座、支座力学简图

【拓展提高】

对图 3-3（*a*）进行受力分析。

【解】

杆件 *ABCD* 为研究对象，*A* 点为固定铰链支座约束，约束反力用正交分离 X_A、Y_A 表示；*B* 点为活动铰支座，约束反力 Y_B 垂直于支撑面方向。杆件受力图如图 3-3（*b*）所示。

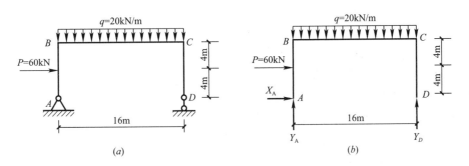

图 3-3　刚架支座反力

（*a*）力学简图；（*b*）受力分析图

任务 2　支座反力的计算

根据力的平衡方程求图 3-4（*a*）所示梁的支座反力。

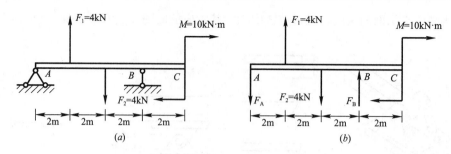

图 3-4　外伸梁支座反力

(a) 力学简图；(b) 受力分析图

【解】

研究梁 AC，力 F_1 和 F_2 大小相等、方向相反、作用线互相平行，组成一力偶，梁在力偶 M、$M(F_1，F_2)$ 和支座 A、B 的约束反力作用下处于平衡，因梁在主动力的作用下只有转动作用，所以 F_A 与 F_B 必组成一力偶，其指向假设，受力如图 3-4 (b) 所示。由平面力偶系的平衡条件得：

$$\sum M=0 \quad 6F_A-4F_1+2F_2-M=0$$
$$F_A=F_B=3\text{kN}$$

以上计算结果为正值，表示支座反力的方向与假设的方向一致。

【拓展提高】

刚架的受力和尺寸如图 3-3 (a) 所示，求 A、D 所受的约束反力。

【解】

(1) 受力分析

取刚架为研究对象，画受力图如图 3-3 (b) 所示，所受的力系为平面任意力系。此题可用一矩式求也可以选择二矩式求解。

(2) 一矩式方程

$$\sum M_A(F)=0 \quad -P\times4-q\times16\times8+Y_D\times16=0$$
$$\sum F_{ix}=0 \quad X_A+P=0$$
$$\sum F_{iy}=0 \quad Y_A+Y_D-q\times16=0$$

代数求解得 $Y_D=175\text{kN}$，$X_A=60\text{kN}$，$Y_A=145\text{kN}$。

(3) 二矩式方程

$$\sum M_A(F)=0 \quad -P\times4-q\times16\times8+Y_D\times16=0$$
$$\sum M_D(F)=0 \quad -P\times4+q\times16\times8+Y_A\times16=0$$
$$\sum F_{ix}=0 \quad X_A+P=0$$

解得解得 $Y_D=175\text{kN}$，$X_A=60\text{kN}$，$Y_A=145\text{kN}$。

任务 3　内力及截面法

1. 内力的概念

构件内部各部分之间存在相互作用力，以维护构件各部分间的联系及构件的形状和尺寸。当构件受到外力作用时，会发生对应的变形，使构件内部各部分间的相对位置发生变化，从而引起各部分之间相互作用力发生改变，这种在外力作用下构件内部各部分之间相互作用力的改变量称为附加内力，简称内力。

不同的外力作用会引起不同的变形，而不同变形的构件存在着不同的内力。附加内力特点是：内力由外力引起，随外力增大而增大，随外力减小而减小，当外力为零时附加内力也为零。当内力达到某一极限值时，构件便发生破坏。对于确定的材料，内力的大小及在构件内部的分布方式与构件的承载能力密切相关，因此，内力的分析是研究构件的强度、刚度、稳定性的基础。

2. 截面法

由于内力是物体的一部分与另一部分截面间的相互作用力，所以在研究构件的内力时，必须用一平面将构件假想地截开成为两段，使欲求截面上的内力暴露出来，然后研究其中一段，根据平衡条件，求得内力的大小和方向。这种研究方法称为截面法。

用截面法求内力的方法，与外力分析方法中的求约束反力的方法在本质上没有区别，具体的求解步骤如下：

（1）截：用截面将杆件在需求内力的位置假想地截为两段。

（2）取：弃去其中的任一段，取另一段为研究对象。

（3）代：用内力代替弃去的部分对留下部分的作用，在留下部分的截面上画出内力。

（4）平：根据研究对象的平衡条件，求出内力的大小和方向。

3. 求受弯构件的剪力并绘制剪力图

（1）平面弯曲梁的受力特点

弯曲变形是工程中最常见的一种基本变形，例如房屋建筑中的楼面梁和阳台挑梁，受到楼面荷载和梁自重的作用，将发生弯曲变形，如图 3-5（a）、（c）所示。杆件受到垂直于轴线的外力作用或纵向平面内力偶的作用，杆件的轴线由直线变成了曲线，如图 3-5（b）、（d）所示。因此，工程上将以弯曲变形为主要变形的杆件称为梁。

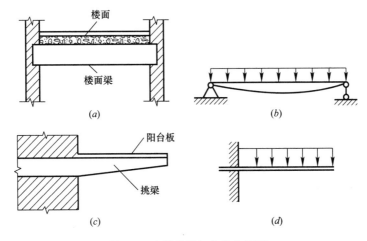

图 3-5　力学简图与力学分析图

（a）简支梁力学简图；（b）悬臂梁力学简图；（c）简支梁受力分析图；（d）简支梁受力分析图

工程中常见的梁都具有一根对称轴，对称轴与梁轴线所组成的平面，称为纵向对称平

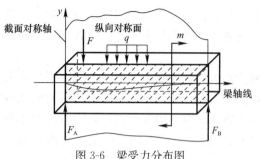

图 3-6　梁受力分布图

面，如图 3-6 所示。如果作用在梁上的所有外力都位于纵向对称平面内，梁变形后，轴线将在纵向对称平面内弯曲，成为一条曲线。这种梁的弯曲平面与外力作用面相重合的弯曲，称为平面弯曲。它是最简单、最常见的弯曲变形。本节将讨论等截面直梁的平面弯曲问题。

工程中常见的梁有三种形式：

1）悬臂梁。梁一端为固定端，另一端为自由端，如图 3-7（a）所示。

2）简支梁。梁一端为固定铰支座，另一端为可动铰支座，如图 3-7（b）所示。

3）外伸梁。梁一端或两端伸出支座的简支梁，如图 3-7（c）所示。

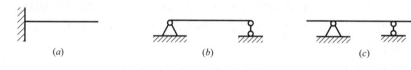

图 3-7　力学简图

（a）悬臂梁；（b）简支梁；（c）外伸梁

（2）截面法求平面弯曲梁的内力

以图 3-8（a）所示简支梁为例，荷载 F 和支座反力 R_A、R_B 是作用在梁的纵向对称平面内的平衡力系。我们用截面法分析任一截面 m-m 上的内力。假想将梁沿 m-m 截面分为两段，取左段为研究对象，从图 3-8（b）可见，因有支座反力 R_A 作用，为使左段满足 $\sum F_y = 0$，截面 m-m 上必然有与 R_A 等值、平行且反向的内力 V 存在，这个内力 V 称为剪力。同时，因 R_A 对截面 m-m 的形心 O 点有一个力矩 $R_A \cdot a$ 的作用，为满足 $\sum M_O = 0$，截面 m-m 上也必然有一个与力矩 $R_A \cdot a$ 大小相等且转向相反的内力偶矩 M 存在，这个内力偶矩 M 称为弯矩。由此可见，梁发生弯曲时，横截面上同时存在着两个内力，即剪力和弯矩。剪力和弯矩的大小，可由左段梁的静力平衡方程求得。

如果取右段梁作为研究对象，同样可以求得截面 m-m 上的 V 和 M，根据作用与反作用的关系，它们与从右段梁求出 m-m 截面上的 V 和 M 大小相等，方向相反，如图 3-8（c）所示。

（3）剪力和弯矩的正、负号的规定

为了使从左、右两段梁求得同一截面上的剪力 V 和弯矩 M 具有相同的正负号，并考虑到土建工程上的习惯要求，对剪力和弯矩的正负号特做如下规定：

1）剪力的正负号：使梁段有顺时针转动趋势的剪力为正，反之为负，如图 3-9（a）所示。

2）弯矩的正负号：使梁段产生下侧受拉的弯

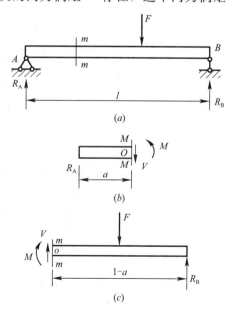

图 3-8　截面法求简支梁内力

矩为正，反之为负，如图 3-9（b）所示。

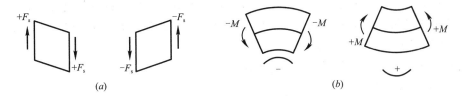

图 3-9　剪力、弯矩示意图
（a）剪力正、负号示意图；（b）弯矩的正、负号示意图

（4）用截面法计算指定截面上的剪力和弯矩

用截面法求指定截面上的剪力和弯矩的步骤如下：

1）计算支座反力。

2）用假想的截面在需求内力处将梁截成两段，取其中任一段为研究对象。

3）画出研究对象的受力图（截面上的 V 和 M 都先假设为正方向）。

4）建立平衡方程，解出内力。

【例题 3-1】

简支梁如图 3-10（a）所示。已知 $F_1 = 30\text{kN}$，$F_2 = 30\text{kN}$，试求截面 1-1 上的剪力和弯矩。

【解】

（1）求支座反力，考虑梁的整体平衡：

$$\sum M_B = 0 \quad F_1 \times 5 + F_2 \times 2 - R_A \times 6 = 0$$
$$\sum M_A = 0 \quad -F_1 \times 1 - F_2 \times 4 + R_B \times 6 = 0$$

(3-1)

得：

$$R_A = 35\text{kN}(\uparrow) \quad R_B = 25\text{kN}(\uparrow)$$

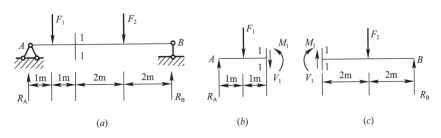

图 3-10　荷载作用下的简支梁

（2）求截面 1-1 上的内力

在截面 1-1 处将梁截开，取左段梁为研究对象，画出其受力图，内力 V_1 和 M_1 均先假设为正方向，如图 3-10（b）所示，列平衡方程：

$$\sum F_y = 0 \quad R_A - F_1 - V_1 = 0$$
$$\sum M_B = 0 \quad -R_A \times 2 + F_1 \times 1 + M_1 = 0$$

(3-2)

得：

$$V_1 = R_A - F_1 = 35 - 30 = 5\text{kN}$$
$$M_1 = R_A \times 2 - F_1 \times 1 = 35 \times 2 - 30 \times 1 = 40\text{kN} \cdot \text{m}$$

求得的 V_1 和 M_1 均为正值,表示截面 1-1 上内力的实际方向与假定的方向相同;按内力的符号规定,剪力、弯矩都是正的。所以,画受力图时一定要先假设内力为正方向,由平衡方程求得结果的正负号,就能直接代表内力本身的正负。如取 1-1 截面右段梁为研究对象,如图 3-10 (c) 所示,可得出同样的结果。

(5)平面弯曲梁的内力图——剪力图和弯矩图

1)剪力方程和弯矩方程

梁内各截面上的剪力和弯矩一般随着截面的位置而变化。若横截面的位置用沿梁轴线的坐标 x 来表示,则各横截面上的剪力和弯矩都可以表示为坐标 x 的函数,即:

$$V = V(x)$$
$$M = M(x) \tag{3-3}$$

以上两个函数式表示梁内剪力和弯矩沿梁轴线的变化规律,分别称为剪力方程和弯矩方程。

2)剪力图和弯矩图

为了形象地表示剪力和弯矩沿梁轴线的变化规律,可以根据剪力方程和弯矩方程分别

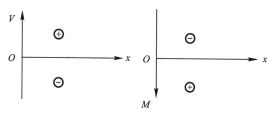

绘制剪力图和弯矩图。以沿梁轴线的横坐标表示梁横截面的位置,以纵坐标表示相应横截面上的剪力或弯矩。在土建工程中,习惯上把正剪力画在 x 轴上方,负剪力画在 x 轴下方;而把弯矩图画在梁受拉的一侧,即正弯矩画在 x 轴下方,负弯矩画在 x 轴上方,如图 3-11 所示。

图 3-11   剪力图和弯矩图正负号示意

【例题 3-2】

以图 3-12 (a) 所示简支梁为例,作其剪力图和弯矩图。

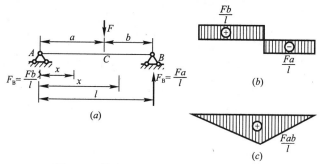

图 3-12   简支梁的计算简图与内力图(一)

(a) 受力分析图;(b) 剪力图;(c) 弯矩图

【解】

(1)作剪力图。AC 段梁的剪力方程为:

$$V(x) = \frac{Fb}{l}(0 < x < a) \tag{3-4}$$

即 V 是一正的常数,因此可用一条水平直线表示。同理,CB 段梁的剪力方程为:

$$V(x) = \frac{Fa}{l}(a < x < l) \tag{3-5}$$

即 V 是一负的常数，也可用一条水平直线表示，画在横坐标轴的下边。这样所得整个梁的剪力图是由两个矩形所组成，如图 3-12（b）所示。如果 $a>b$ 则最大剪力（绝对值）将发生在 CB 段梁的横截面上，数值为：

$$|V|_{max} = \frac{Fa}{l} \tag{3-6}$$

（2）作弯矩图。AC 段梁的弯矩方程为：

$$M(x) = \frac{Fb}{l}x \quad (0 \leqslant x \leqslant a) \tag{3-7}$$

这是一直线方程，只要求出该直线上的两点弯矩，就可作图。在 $x=0$ 处，$m=0$；在 $x=a$ 处，$M=\frac{Fab}{l}$。由此即可画出 AC 段梁的弯矩图。

CB 段梁的弯矩方程为：

$$M(x) = \frac{Fa}{l}(l-x) \quad (a \leqslant x \leqslant l) \tag{3-8}$$

这也是一直线方程。在 $x=a$ 处，$M=\frac{Fab}{l}$，在 $x=l$ 处，$M=0$。由此即可画出 CB 段梁的弯矩图。

所得整个梁的弯矩图为一个三角形，如图 3-12（c）所示。最大弯矩发生在集中力 F 作用点处的横截面上，其值为 $M=\frac{Fab}{l}$。

【例题 3-3】
简支梁受均布荷载作用，如图 3-13（a），试画出梁的剪力图和弯矩图。

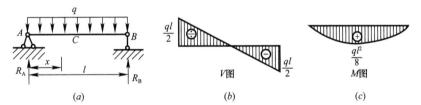

图 3-13　简支梁的计算简图与内力图（二）
（a）受力分析图；（b）剪力图；（c）弯矩图

【解】
（1）求支座反力
因对称关系，可得：

$$R_A = R_B = \frac{1}{2}ql(\uparrow) \tag{3-9}$$

（2）列剪力方程和弯矩方程
取距 A 点（坐标原点）为 x 处的任意截面，则梁的剪力方程和弯矩方程为：

$$V(x) = R_A - qx = \frac{1}{2}ql - qx(0 < x < l) \tag{3-10}$$

$$M(x) = R_A x - \frac{1}{2}qx^2 = \frac{1}{2}qlx - \frac{1}{2}qx^2(0 \leqslant x \leqslant l) \tag{3-11}$$

（3）画剪力图和弯矩图
由式（3-10）可知，$V(x)$ 是 x 的一次函数，即剪力方程为一直线方程，剪力图是一条斜直线。

$$当\ x = 0\ 时，\quad V_A = \frac{ql}{2}$$

$$当\ x = l\ 时，\quad V_B = -\frac{ql}{2}$$

根据这两个截面的剪力值，画出剪力图，如图 3-13（b）所示。

由式（3-11）知，$M(x)$ 是 x 的二次函数，说明弯矩图是一条二次抛物线，应至少计算三个截面的弯矩值，才可描绘出曲线的大致形状。

$$当\ x = 0\ 时，\quad M_A = 0$$

$$当\ x = \frac{l}{2}\ 时，\quad M_C = \frac{ql^2}{8}$$

$$当\ x = l\ 时，\quad M_B = 0$$

根据以上计算结果，画出弯矩图，如图 3-13（c）所示。

从剪力图的弯矩图中可得结论，在均布荷载作用的梁段，剪力图为斜直线，弯矩图为二次抛物线。在剪力等于零的截面上弯矩有极值。

【拓展提高】

叠加法作图

1. 根据典型荷载的弯矩图进行叠加

如图 3-14（a）所示，简支梁 AB 受均布荷载作用，且分别在 A、B 端受一集中力偶作用，则梁左端的支反力为：

$$Y_A = \frac{1}{2}ql - \frac{m_A}{l} + \frac{m_B}{l} \tag{3-12}$$

式（3-12）说明：支反力中包括三项，它们分别代表每一种荷载的作用。因此在小变形条件下，可以先求均布荷载 g 单独作用时的支反力，再求力偶单独作用时的支反力，然后叠加。这种分别求出各外力的单独作用结果，然后再叠加出共同作用结果的方法称为叠加法。

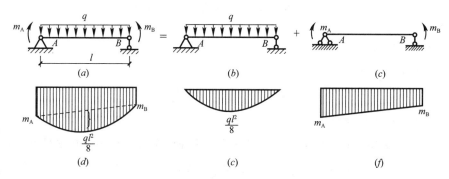

图 3-14 叠加法作简支梁的弯矩图（一）

（a）、（b）、（c）—受力分析图；（d）、（e）、（f）—弯矩图

注意：在力学计算中经常用到叠加法，但前提是在小变形和线弹性条件下（即梁在外力作用下其跨度的改变可以忽略）。当梁上同时作用几个荷载时，各个荷载所引起的支反

力和内力都只与相应荷载有关，各自独立、互不影响。若梁在外力作用下跨度改变较大时（不能忽略），应用叠加法将带来较大误差。

根据叠加法原理，如图 3-14（a）所示的简支梁可视为分别承受均布荷载 q 和集中力偶 m_A、m_B 作用，即图 3-14（a）可视为图 3-14（b）与图 3-14（c）的叠加。具体绘制时，先分别作出如图 3-14（e）所示的弯矩图和如图 3-14（f）所示的弯矩图，然后将这两个弯矩图形叠加（指两个弯矩图的纵坐标的叠加），即得到总弯矩图，如图 3-14（d）所示。

当梁上作用的荷载比较复杂时，用叠加法较方便。当荷载可以分解为几种常见的典型荷载，而且典型荷载的弯矩图已经熟练掌握时，叠加法更显得方便实用。作剪力图也可以用叠加法，但因剪力图一般比较简单，所以以叠加法用得较少。

由图 3-14 可看出，当均布荷载单独作用时，弯矩图为二次抛物线图形；当端部力偶单独作用时，弯矩图为直线图形。

2. 区段叠加法作弯矩图

现在讨论结构中直杆的任一区段的弯矩图。以图 3-15（a）中的区段 AB 为例，其隔离体如图 3-15（b）所示。隔离体上的作用力除均布荷载 q 外，在杆端还有弯矩 M_A、M_B，剪力 F_{SA}、F_{SB}。为了说明区段 AB 弯矩图的特性，将它与图 3-15（c）中的简支梁相比，该简支梁承受相同的荷载 q 和相同的杆端力偶 m_A、m_B，设简支梁的支座反力为 Y_A、Y_B，则由平衡条件可知 $Y_A=F_{SA}$、$Y_B=F_{SB}$。因此，二者的弯矩图相同，故可利用作简支梁弯矩图的方法来绘制直杆任一区段的弯矩图，从而也可采用叠加法作 M 图，如图 3-15（d）所示。具体作法分成两步：先求出区段两端的弯矩竖标，并将这两端竖标的顶点用虚线相连；然后以此虚线为基线，将相应简支梁在均布荷载（或集中荷载）作用下的弯矩图叠加上去，则最后所得的图线与原定基线之间所包含的图形，即为实际的弯矩图。由于它是在梁内某一区段上的叠加，故称为区段叠加。

利用上述关于内力图的特性和弯矩图的叠加法，可将梁的弯矩图的一般作法归纳如下：

除悬臂梁外，一般应首先求出梁的支座反力，选定外力的不连续点（如集中力作用点、集中力偶作用点、分布荷载的起点和终点、支座处等）处的截面为控制截面，求出控制截面的弯矩值，分段画弯矩图。当控制截面间无荷载时，根据控制截面的弯矩值，连成直线弯矩图；当控制截面间有荷载作用时，根据区段叠加法作弯矩图。

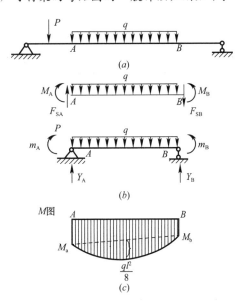

图 3-15　叠加法作简支梁的弯矩图（二）
（a）力学简图；（b）受力分析图；（c）弯矩

【例题 3-4】

用区段叠加法作图 3-16（a）中梁的弯矩图。

【解】

（1）求支反力

由 $\sum M_A(F)=0$　$-q\times4\times3+M-F\times6+Y_B\times7=0$

得 $Y_B=80\text{kN}$

由 $\sum M_B(F)=0$　$q\times4\times4+M+F\times1-$

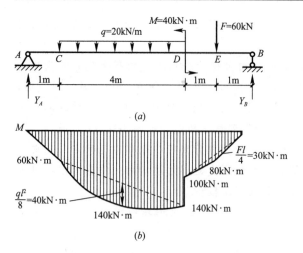

图 3-16　区段叠加法作梁的弯矩图
(a) 受力分析图；(b) 弯矩图

$$Y_A \times 7 = 0$$

得 $Y_A = 60 \text{kN}$

（2）求控制截面弯矩

$$M_A = 0 \quad M_B = 0$$

$$M_C = Y_A \times 1 = 60 \text{kN} \cdot \text{m}$$

$$M_{D右} = 80 \times 2 - 60 \times 1 = 100 \text{kN} \cdot \text{m}$$

依次在弯矩图上写出各控制点的弯矩值，无载段直接连成直线，有载 CD 段、DB 段按区段叠加法绘出叠加部分，最后得弯矩图如图 3-16 (b) 所示。

3. 控制截面规律法作图

（1）剪力图。在均布荷载 q 作用处，剪力图为斜直线，当 $q<0$（荷载向下，记为"↓"）时，剪力 $F_s(x)$ 斜线为向下倾斜的直线（记为"\"）；当 $q>0$（荷载向上，记为"↑"）时，剪力 $F_s(x)$ 的斜线为向上倾斜的直线（记为"/"）。在集中力作用处，剪力图有突变，突变值等于集中力数值，突变方向同集中力方向。在集中力偶作用处剪力值不变。

（2）弯矩图。在均布荷载 q 作用处，弯矩图为抛物线，当 $q<0$（↓）时，弯矩（记为"M"）的图形向下凸（记为"∪"）；当 $q>0$（↑）时，M 图形向上凸（记为"∩"）。在集中力作用处，弯矩图有转折，集中力作用处两侧的弯矩值不变。在集中力偶作用处，弯矩图有突变，突变值等于集中力偶矩。剪力等于零处弯矩有极值。

综合利用这些关系和规律，不仅可以快捷地检验绘出的 $F_s(x)$ 和 $M(x)$ 图正确与否，熟练掌握后还可以直接绘制 $F_s(x)$ 和 $M(x)$ 图，因此，控制截面作图法在实际中的应用十分广泛。

上述剪力图和弯矩图的形状特征可归纳为表 3-1。

在几种荷载下 F_s 图与 M 图的特征　　　　表 3-1

梁上荷载情况　　　　F_s、M图特征	无载荷 $q=0$		均布荷载		集中载荷	集中力偶
F_s 图特征	水平直线		上倾斜直线	下倾斜直线	在 C 截面有突变	在 C 截面无变化
	$F_s>0$	$F_s<0$	$q>0$	$q<0$		
M 图特征	下倾斜直线	上倾斜直线	上凸的二次抛物线	下凹的二次抛物线	在 C 截面有转折角	在 C 截面有突变

【例题 3-5】

外伸梁如图 3-17（a）所示，梁上所受荷载为 $q=$ 4kN/m，$F=20$kN，梁长 $l=4$m，试用控制截面法绘出 $F_s(x)$ 图和 $M(x)$ 图。

【解】

（1）求支反力

由 $\sum M_B(F)=0$ $\quad q\times\dfrac{l}{2}\times\dfrac{l}{4}-F\times\dfrac{l}{2}+Y_D\times l=0$

得 $Y_D=8$kN

由 $\sum F_{iy}=0$ $\quad Y_B+Y_D-F-q\times\dfrac{l}{2}=0$

得 $Y_B=20$kN

（2）作 $F_s(x)$ 图。计算控制截面的剪力如下：

A 点处截面： $\quad F_{SA}=0$

B 点处截面左侧： $\quad F'_{SB}=-\dfrac{1}{2}ql=-8$kN

B 点处截面右侧： $\quad F''_{SB}=-\dfrac{1}{2}ql+Y_B=-8+20=12$kN

C 点处截面左侧： $\quad F'_{SC}=F''_{SB}=12$kN

C 点处截面右侧： $\quad F''_{SC}=-Y_D=-8$kN

D 点处截面： $\quad F_{SD}=-8$kN

本例中剪力图的各段图像都是直线或斜直线，因此，只需将相邻两个控制截面的剪力用直线相连就得到梁的剪力图，如图 3-17（b）所示。

（3）作 $M(x)$ 图。计算控制截面的弯矩如下：

A 点处截面： $\quad M_A=0$

B 点处截面： $\quad M_B=-q\times\dfrac{l}{2}\times\dfrac{l}{4}=-\dfrac{1}{8}\times4\times4^2=-8$kN·m

C 点处截面： $\quad M_C=Y_D\times\dfrac{l}{2}=8\times2=16$kN·m

D 点处截面： $\quad M_D=0$

AB 段梁上作用有分布荷载，因此弯矩图为开口向上的抛物线；BC 段、CD 段梁上无分布荷载，弯矩图为斜直线。连接各截面弯矩值得弯矩图如图 3-17（c）所示。

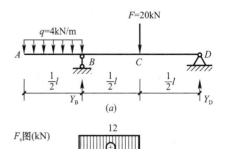

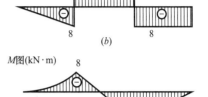

图 3-17 外伸梁的计算简图与内力图
（a）力学简图；（b）剪力图；（c）弯矩图

单元4 受弯构件承载力计算

任务1 梁弯曲变形时的应力

1. 平面弯曲梁的正应力

一般梁在弯曲时，横截面上有剪力 V 和弯矩 M，这两个内力都是横截面上分布内力的合成结果。显然，剪力 V 是由切向分布内力 $\tau \mathrm{d}A$ 合成的，而弯矩 M 是由法向分布内力 $\sigma \mathrm{d}A$ 合成的。因而横截面上既有剪力又有弯矩时，横截面上将同时有切应力 τ 和正应力 σ。

为了方便起见，先研究一个具有纵向对称面的简支梁，如图 4-1（a）所示。在距梁的两端各为 a 处，分别作用着一个集中力 F。从梁的剪力图和弯矩图可知，梁在中间一段内的剪力等于零，而弯矩 M 为一常数，即 $M=Fa$，如图 4-1（b）、（c）所示。梁在这种情况下的弯曲，称为纯弯曲。此时，横截面上只有正应力而无切应力。梁发生弯曲后，其横截面仍保持为平面，并在梁内存在既不伸长也不缩短的纤维层，该层称为中性层，如图 4-2 所示，中性层与横截面的交线称为中性轴，中性轴 z 通过截面的形心。

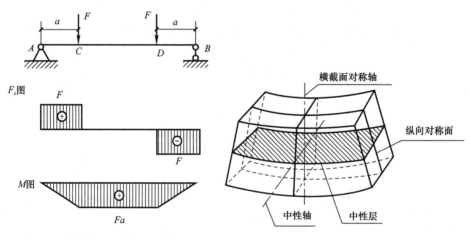

图 4-1 力学简图、剪力图、弯矩图   图 4-2 梁内各轴面位置图

在推导弯曲正应力公式时，通常采用产生纯弯曲变形的梁来研究。要从梁变形的几何关系、物理关系和静力学关系三个方面来考虑。

（1）梁的正应力的分布规律

由梁变形的几何关系和物理关系可以得出梁的正应力的分布规律为：

$$\sigma = E\varepsilon = E\frac{y}{\rho} \qquad (4\text{-}1)$$

式中 E——材料的弹性模量；

y——横截面上的点到中性轴的距离；

ρ——中性层的曲率半径。

这就是横截面上弯曲正应力的分布规律。它说明，梁在纯弯曲时横截面上一点的正应力与该点到中性轴的距离成正比；距中性轴同一高度上各点的正应力相等（图 4-3）。显然，在中性轴上各点的正应力为零，而在中性轴的一边是拉应力，另一边是压应力；横截面上离中性轴最远的上、下边缘处，正应力的数值最大。

（2）梁的正应力的计算公式

在式（4-1）中，中性轴的位置和曲率半径 ρ 都未知，因此不能用它计算弯曲正应力的数值，利用静力学的平衡方程可以得到梁在弯曲时横截面上正应力的公式，即：

$$\sigma = \frac{My}{I_z} \qquad (4\text{-}2)$$

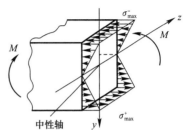

图 4-3　梁截面受力分布图

式（4-2）是梁在纯弯曲情况下导出的，但仍适用于横力弯曲（即梁的横截面不仅有弯矩，还有剪力）的情况。从式（4-2）可知，在横截面上最外边缘 $y = y_{\max}$ 处的弯曲正应力最大。

1）如果横截面对称于中性轴，例如矩形，以 $y_{\max}$ 表示最外边缘处的一个点到中性轴的距离，则横截面上的最大弯曲正应力为：

$$\sigma_{\max} = \frac{My_{\max}}{I_z} \qquad (4\text{-}3)$$

令：

$$W_z = \frac{I_z}{y_{\max}} \qquad (4\text{-}4)$$

则：

$$\sigma_{\max} = \frac{M}{W_z} \qquad (4\text{-}5)$$

式中　W_z——横截面对中性轴 z 的抗弯截面模量，单位是长度的三次方（m^3 或 mm^3）。

2）如果横截面不对称于中性轴，则横截面将有两个抗弯截面模量。如果令 y_1 和 y_2 分别表示该横截面上、下边缘到中性轴的距离，则相应的最大弯曲正应力（不考虑符号）分别为：

$$\begin{aligned} \sigma_{\max 1} &= \frac{My_1}{I_z} = \frac{M}{W_1} \\ \sigma_{\max 2} &= \frac{My_2}{I_z} = \frac{M}{W_2} \end{aligned} \qquad (4\text{-}6)$$

其中，抗弯截面模量 W_1 和 W_2 分别为：

$$\begin{aligned} W_1 &= \frac{I_z}{y_1} \\ W_2 &= \frac{I_z}{y_2} \end{aligned} \qquad (4\text{-}7)$$

2. 惯性矩计算与平行移轴公式

在应用梁弯曲的正应力式（4-2）时，需预先计算出截面对中性轴 z 的惯性矩 $I_z = \int_A y^2 \mathrm{d}A$。显然，$I_z$ 只与截面的几何形状和尺寸有关，它反映了截面的几何性质。

（1）简单截面的惯性矩

对于一些简单图形截面，如矩形、圆形等，其惯性矩可由定义式 $I_z = \int_A y^2 \mathrm{d}A$ 直接求得。表 4-1 给出了简单截面图形的惯性矩和抗弯截面系数。表中 C 为截面形心，I_z 为截面对 z 轴的惯性矩，I_y 为截面对 y 轴的惯性矩。各种型钢截面的惯性矩可直接从型钢规格表中查得。

简单截面图形的惯性矩和抗弯截面系数表　　　　表 4-1

图形	形心轴位置	惯性矩	抗弯截面系数
	截面圆心	$I_z = I_y = \dfrac{\pi D^4}{64}$	$W_z = W_y = \dfrac{\pi D^3}{32}$
	截面圆心	$I_z = I_y = \dfrac{\pi D^4}{64}(1-a^4)$ $a = \dfrac{d}{D}$	$W_z = W_y = \dfrac{\pi D^3}{32}(1-a^4)$ $a = \dfrac{d}{D}$
	$z_C = \dfrac{b}{2}$ $y_C = \dfrac{h}{2}$	$I_z = \dfrac{bh^3}{12}$ $I_y = \dfrac{hb^3}{12}$	$W_z = \dfrac{bh^2}{6}$ $I_y = \dfrac{hb^2}{6}$

（2）组合截面的惯性矩

工程中很多梁的横截面是由若干简单图形组合而成的，如图 4-4 所示的工字形截面梁。这种组合截面对中性轴 z 的惯性矩时，可将其分为三个矩形Ⅰ、Ⅱ和Ⅲ，据惯性矩的定义式 $I_z = \int_A y^2 \mathrm{d}A$，整个截面对 z 轴的惯性矩 I_z 应等于三个矩形部分分别对 z 轴的惯性矩 $I_{z\mathrm{I}}$、$I_{z\mathrm{II}}$ 与 $I_{z\mathrm{III}}$ 之和。即：

$$I_z = \int_{A\mathrm{I}} y^2 \mathrm{d}A + \int_{A\mathrm{II}} y^2 \mathrm{d}A + \int_{A\mathrm{III}} y^2 \mathrm{d}A = I_{z\mathrm{I}} + I_{z\mathrm{II}} + I_{z\mathrm{III}} \tag{4-8}$$

同理，由多个简单形状组成的截面的惯性矩等于各组成部分惯性矩之和，即：

$$I_z = \sum I_{zi} \tag{4-9}$$

（3）平行移轴公式

当中性轴 z 轴不通过分截面的形心时，不能直接用前面给出的简单图形对形心轴的惯性矩公式来计算各组成部分的惯性矩，而需要用平行移轴公式计算。

如图 4-5 所示，设任意形状的已知截面的面积为 A，通过截面形心 C 的 y_C、z_C 轴称为形心轴，截面对该二轴的惯性矩分别为 I_{y_C}、I_{z_C}。则截面对分别与 y_C、z_C 轴平行且相距

分别为 b、a 的 y、z 轴的惯性矩分别为：

$$I_z = I_{z_C} + a^2 A$$
$$I_y = I_{y_C} + b^2 A \tag{4-10}$$

式（4-10）称为平行移轴公式，即截面对任一轴的惯性矩，等于它对平行于该轴的形心轴的惯性矩，加上截面面积与两轴间距离平方的乘积。

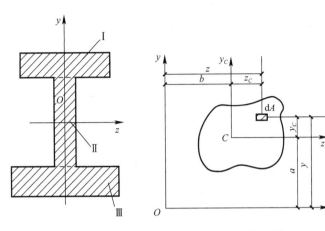

图 4-4　对称截面轴线分布　　　图 4-5　平行移轴计算原理

【例题 4-1】

已知图 4-6 所示 T 形截面，尺寸单位为 mm，求此截面对形心轴 z_C（垂直于对称轴 y）的惯性矩。

【解】

（1）确定整个截面的形心 C 和形心轴 z_C 的位置

将截面划分成 I、II 两个矩形，取参考轴 z 与截面底边重合，两部分截面面积及其形心 C_1、C_2 至 z 轴距离分别为：

$$A_1 = 200 \times 30 = 6000 \text{mm}^2 \quad y_{C_1} = 170 + 15 = 185 \text{mm}$$
$$A_2 = 170 \times 30 = 5100 \text{mm}^2 \quad y_{C_2} = 85 \text{mm}$$

据理论力学形心坐标公式，可得整个截面的形心 C 与 z 轴的距离为：

$$y_C = \frac{A_1 y_{C_1} + A_2 y_{C_2}}{A_1 + A_2} = \frac{6000 \times 185 + 5100 \times 85}{6000 + 5100} = 139 \text{mm}$$

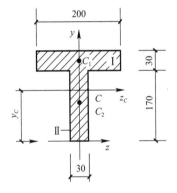

图 4-6　T 形截面

（2）求各分截面对形心轴 z_C 的惯性矩

根据表 4-1 中的公式，两矩形对自身形心轴 z_1、z_2（平行 z_C 轴）的惯性矩分别为：

$$I_{z1} = \frac{200 \times 30^3}{12} = 4.5 \times 10^5 \text{mm}^4$$

$$I_{z2} = \frac{30 \times 170^3}{12} = 1.23 \times 10^7 \text{mm}^4$$

z_1、z_2 距 z_C 的距离分别为 $a_1 = C_1C = 46 \text{mm}$，$a_2 = C_2C = 54 \text{mm}$，由平行移轴公式（4-10）得，两矩形对形心轴 z_C 的惯性矩分别为：

$$I_{z_C \text{ I}} = I_{z1} + a_1^2 A_1 = 4.5 \times 10^5 + 46^2 \times 6000 = 1.31 \times 10^7 \text{mm}^4$$

$$I_{z_C \text{II}} = I_{z2} + a_2^2 A_2 = 1.23 \times 10^7 + 54^2 \times 5100 = 2.72 \times 10^7 \text{mm}^4$$

（3）求整个截面对形心轴 z_C 的惯性矩

$$I_{z_C} = I_{z_C \text{I}} + I_{z_C \text{II}} = 1.31 \times 10^7 + 2.72 \times 10^7 = 4.03 \times 10^7 \text{mm}^4$$

【例题 4-2】

简支梁 AB 为矩形截面钢梁，$h=120\text{mm}$、$b=60\text{mm}$，如图 4-7（a）所示，梁长 $l=2\text{m}$，荷载集度 $q=40\text{kN/m}$，试求梁的最大正应力和跨中截面上 K 点（距 z 轴距离为 $h/4$）的弯曲正应力；若将截面横放，求梁的最大正应力。

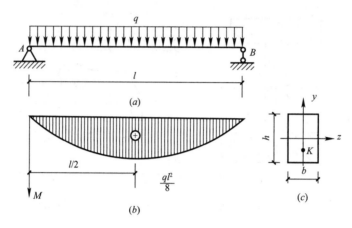

图 4-7　矩形截面钢梁

【解】

（1）画弯矩图，求最大弯矩

梁的弯矩图如图 4-7（b）所示，在跨中的截面有最大弯矩：

$$|M|_{\max} = \frac{ql^2}{8} = \frac{40 \times 2^2}{8} = 20\text{kN} \cdot \text{m}$$

（2）求惯性矩

$$I_z = \frac{bh^3}{12} = \frac{60 \times 120^3}{12} = 8.64 \times 10^6 \text{mm}^4$$

（3）求最大应力

因危险截面 A 上的弯矩为正，故截面上边缘引起最大压应力，下边缘引起最大拉应力，得：

$$\sigma_{\max}^+ = \frac{M_{\max} y_1}{I_z} = \frac{20 \times 10^6 \times 60}{8.64 \times 10^6} = 138.89\text{MPa}$$

$$\sigma_{\max}^- = \frac{M_{\max} y_2}{I_z} = \frac{-20 \times 10^6 \times 60}{8.64 \times 10^6} = -138.89\text{MPa}$$

（4）K 点的正应力 σ_K

$$\sigma_k = \frac{M y_k}{I_z} = \frac{-20 \times 10^6 \times 30}{8.64 \times 10^6} = 69.45\text{MPa}$$

（5）横放时梁的最大正应力

横放时弯矩图不变，即最大弯矩值无变化，但中性轴为 y 轴，惯性矩值为：

$$I_z = \frac{hb^3}{12} = \frac{60^3 \times 120}{12} = 2.16 \times 10^6 \, \text{mm}^4$$

$$\sigma_{\max}^{+} = \frac{M_{\max} z_1}{I_z} = \frac{20 \times 10^6 \times 30}{2.16 \times 10^6} = 277.78 \text{MPa}$$

$$\sigma_{\max}^{-} = -\frac{M_{\max} z_2}{I_z} = \frac{-20 \times 10^6 \times 30}{2.16 \times 10^6} = -277.78 \text{MPa}$$

3. 梁的切应力

梁在剪切弯曲时,横截面上不仅有正应力 σ,还有切应力 τ。一般情况下,正应力 σ 是决定梁的强度的主要因素,切应力 τ 影响较小,因此,这里只介绍矩形截面梁的最大切应力。

已知一矩形截面梁的横截面高为 h、宽为 b,在截面上的 y 轴方向有剪力 F_s,如图 4-8 (a) 所示。对于矩形截面梁的切应力做如下假设:截面上任一点的切应力的方向与剪力 F_s 平行,距中性轴 z 轴等高处各点的切应力相等。由此可得切应力 τ 沿横截面高度方向按二次抛物线规律变化,如图 4-8 (b) 所示。

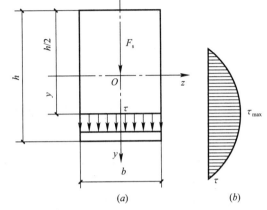

图 4-8　切应力沿截面高度变化曲线

距中性轴 y 处横线上的切应力 τ 为:

$$\tau = \frac{F_s S_Z^*}{I_z b} \tag{4-11}$$

式中　F_s——截面上的剪力;

　　　I_z——截面的惯性矩;

　　　b——截面上所求应力点处截面的宽度;

　　　S_z^*——所求点以外截面面积对中性轴的静矩。

即:

$$S_z^* = \int_A y \, \mathrm{d}A \tag{4-12}$$

其中,简单图形的静矩表达式为:

$$S_z^* = A y_C \tag{4-13}$$

式中　A——图形面积;

　　　y_C——图形的形心坐标。

由式 (4-11) 可知,在横截面上、下边缘处,切应力为 0;在中性轴上,切应力最大,其值为:

$$\tau_{\max} = \frac{3F_s}{2A} \tag{4-14}$$

式中　A——横截面面积。

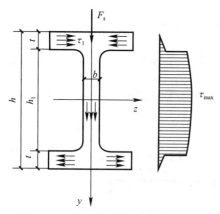

图 4-9　工字形截面梁受切应力示意图

【拓展提高】

工字形截面梁（图 4-9）经计算可知，由上、下两翼缘和中间腹板组成的工字形截面的剪力 F_s 绝大部分发生在腹板面积上，且腹板上的切应力变化不大，最小切应力与最大切应力相差不多，如图 4-9 所示。最大切应力仍在中性轴上，其值近似等于剪力 F_s 在腹板面积上的平均值，即：

$$\tau_{max} \approx \frac{F_s}{h_1 b} \tag{4-15}$$

式中　b——腹板宽度；
　　　h_1——腹板高度。

任务 2　受弯构件正截面破坏特征

受弯构件是指在荷载作用下，同时承受弯矩（M）和剪力（V）作用的构件。建筑工程中的梁和板是典型的受弯构件。

受弯构件破坏有两种形式。一种是正截面破坏：由弯矩作用引起，如图 4-10（a）所示；另一种是斜截面破坏：由弯矩和剪力共同作用引起，又分为斜截面受剪和斜截面受弯破坏，如图 4-10（b）所示。

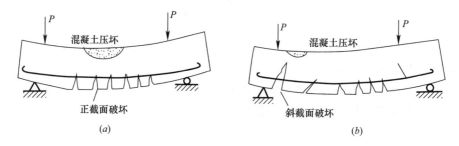

图 4-10　受弯构件的破坏形式

在常用钢筋级别和混凝土强度等级情况下，受弯构件其破坏形式主要随配筋率 ρ 的大小不同，可分为以下三种破坏形态：

（1）适筋梁。当 $\rho_{min} \leqslant \rho \leqslant \rho_{max}$ 时发生适筋破坏。其特点：纵向受拉钢筋先屈服，受压区混凝土随后被压碎（图 4-11a）。ρ_{min}、ρ_{max} 分别为纵向受拉钢筋的最小配筋率、最大配筋率。由于适筋梁破坏始于受拉钢筋的屈服，梁在完全破坏以前，裂缝和挠度急剧发展和增加。所以具有明显的破坏预兆，承受变形的能力强，属于塑性破坏，也称延性破坏。

（2）超筋梁。当 $\rho > \rho_{max}$ 时发生超筋破坏。其特点：受压区混凝土先压碎，但纵向受拉钢筋并没屈服。也就是在受压区混凝土边缘纤维应变达到混凝土弯曲极限压应变 ε_{cu} 时，钢筋应力尚小于其抗拉强度值，但此时梁已破坏（图 4-11b）。破坏前宏观上没有明显的破坏预兆，破坏时裂缝开展不宽，挠度不大，而是受压混凝土突然被压碎而破坏，故属脆性破坏。

（3）少筋梁。当 $\rho<\rho_{\min}$ 时发生少筋破坏。其特点：受拉区混凝土一开裂，梁就突然破坏。也就是当截面上的弯矩达到开裂弯矩 M_{cr} 时，由于截面配置钢筋过少，构件一旦开裂，受拉区混凝土则退出工作，原本由受拉区混凝土承担的拉应力立即转移给受拉钢筋，则受拉钢筋应力就会猛增并达到屈服强度，有时可迅速经历整个流幅而进入强化阶段，在个别情况下，钢筋甚至被拉断。使梁开裂即破坏（图 4-11c）、属于脆性破坏。

总之，由于纵向受拉钢筋的配筋率 ρ 的不同，受弯构件有适筋、超筋、少筋三种正截面破坏形态，其中适筋梁充分利用了钢筋和混凝土的强度，且又具有较好的塑性，因此在设计中受弯构件正截面承载力计算公式是以适筋梁破坏形态为基础建立的，并分别给出防止超筋破坏及少筋破坏的条件。

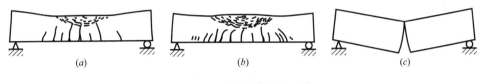

图 4-11　受弯构件破坏形态

任务 3　单筋矩形截面受弯构件正截面承载力计算

1. 受弯构件正截面承载力计算

（1）钢筋混凝土梁的正截面破坏形态。通过试验研究发现，梁正截面的破坏形式与配筋率 ρ 以及钢筋和混凝土的强度有关。

$$\rho = \frac{A_s}{bh_0} \tag{4-16}$$

式中　A_s——受拉钢筋的截面面积；

　　　b——梁截面宽度；

　　　h_0——梁截面的有效高度。

（2）单筋矩形截面受弯构件正截面承载力计算公式。单筋矩形截面受弯构件的正截面受弯承载力计算简图如图 4-12 所示。

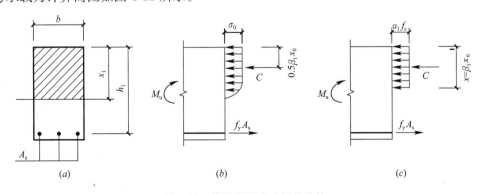

图 4-12　等效矩形应力图的换算

（a）横截面；（b）理论取值应用图；（c）换算应力图

根据平衡条件得：

$$\sum N = 0 \quad f_y A_s = \alpha_1 f_c b x \qquad (4\text{-}17)$$

$$\sum M = 0 \quad M \leqslant M_u = \alpha_1 f_c b x (h_0 - x/2) \qquad (4\text{-}18)$$

或

$$M \leqslant M_u = f_y A_s (h_0 - x/2) \qquad (4\text{-}19)$$

式中　M——弯矩设计值；

　　　f_c——混凝土的轴心抗压强度设计值；

　　　f_y——钢筋抗拉强度设计值；

　　　A_s——纵向受拉钢筋的截面面积；

　　　b——截面宽度；

　　　x——等效应力图形的换算受压区高度；

　　　h_0——截面有效高度，$h_0 = h - a_s$；

　　　α_1——系数，当 $f_{cu} \leqslant 50 \text{N/mm}^2$（C50）时，$\alpha_1$ 取 1.0；当 $f_{cu,k} \leqslant 80 \text{N/mm}^2$（C80）时，$\alpha_1$ 取为 0.94；中间值按直线内插法取用。

（3）单筋矩形截面受弯构件正截面承载力适用条件

1）为防止构件发生超筋破坏，设计中应满足：

$$x \leqslant \xi_b h_0$$

$$\xi \leqslant \xi_b \qquad (4\text{-}20)$$

$$\rho \leqslant \rho_{max} = \xi_b \frac{\alpha f_c}{f_y}$$

式中　ξ——相对受压区高度；

　　　ξ_b——相对界限受压区高度，可查表 4-2。

相对界限受压区高度 ξ_b 值　　　　　　　　　　　表 4-2

钢筋牌号	混凝土强度等级						
	C50	C55	C60	C65	C70	C75	C80
HPB300	0.576	—	—	—	—	—	—
HRB335 HRBF335	0.550	0.541	0.531	0.522	0.512	0.503	0.493
HRB400 HRBF400 RRB400	0.518	0.508	0.499	0.490	0.481	0.472	0.463
HRB500 HRBF500	0.482	0.473	0.464	0.455	0.447	0.438	0.429

若将 ξ_b 值代入公式（4-20），则可求得单筋矩形截面适筋梁所能承受的最大弯矩 M_{umax} 值：

$$M_{umax} = \alpha_1 f_c h_0^2 \xi_b (1 - 0.5 \xi_b) \qquad (4\text{-}21)$$

2）为防止出现少筋破坏，设计中应满足：

$$\rho \geqslant \rho_{min} \qquad (4\text{-}22)$$

$$A_s \geqslant A_{smin} \rho_{min} b h \qquad (4\text{-}23)$$

式中 $\rho_{\min}$——取 0.2% 和 $0.45f_t/f_s$ 中较大者。

混凝土保护层（c）：结构构件中钢筋外边缘至构件表面范围用于保护钢筋的混凝土，简称保护层。混凝土的保护层最小厚度应符合表 4-3 的规定。

混凝土保护层的最小厚度 c（mm）　　　　　表 4-3

环境等级	板、墙、壳	梁、柱、杆
一	15	20
二 a	20	25
二 b	25	35
三 a	30	40
三 b	40	50

注：1. 混凝土强度等级不大于 C25 时，表中保护层数值应增加 5mm；
　　2. 钢筋混凝土基础宜设置混凝土垫层，基础中钢筋的混凝土保护层厚度应从垫层顶面算起，且不应小于 40mm。

截面有效高度（h_0）：受力钢筋的重心至截面混凝土受压区边缘的垂直距离，它与受拉钢筋的直径及排数有关，取值见表 4-4。

一类环境下 h_0 取值表（mm）　　　　　表 4-4

构件种类	纵向受拉钢筋排数	混凝土强度等级	
		$\leqslant$C20	$\geqslant$C25
梁	一排	40	35
	两排	65	60
板	一排	25	20

（4）单筋矩形截面受弯构件正截面承载力计算步骤。单筋矩形截面受弯构件正截面承载力计算有两种情况，即截面设计与承载力复核。

1）截面设计计算步骤

已知：M、$\alpha_1 f_c$、f_y、$b \times h$；求：A_s。

第一步：确定 h_0。

第二步：求 x 或 ξ。

$$x = h_0 - \sqrt{h_0^2 - \frac{2M}{\alpha_1 f_c b}} \leqslant \xi_b h_0 \qquad (4-24)$$

或

$$\xi = 1 - \sqrt{1 - \frac{M}{0.5\alpha_1 f_c b h_0^2}} \leqslant \xi_b \qquad (4-25)$$

第三步：求受拉钢筋截面面积 A_s。

$$A_s = \frac{\alpha_1 f_c b x}{f_y} \geqslant \rho_{\min} bh \qquad (4-26)$$

或

$$A_s = \frac{\alpha_1 f_c b h_0 \xi}{f_y} \geqslant \rho_{\min} bh \qquad (4-27)$$

第四步：选配钢筋、画配筋截面图。

2）截面复核计算步骤

已知：M、$b \times h$、$\alpha_1 f_c$、f_y、A_s；求：复核截面是否安全。

第一步：确定 h_0。

第二步：判断梁的类型。

$$A_s \geqslant \rho_{\min}bh(\rho \geqslant \rho_{\min}) \tag{4-28}$$

$$x = \frac{f_y A_s}{\alpha_1 f_c b} \leqslant \xi_b h_0 \tag{4-29}$$

第三步：计算截面受弯承载力 M_u。

$$M_u = \alpha_1 f_c bx\left(h_0 - \frac{x}{2}\right) \tag{4-30}$$

或

$$M_u = \alpha_1 f_c b h_0^2 \xi(1 - 0.5\xi) \tag{4-31}$$

当 $M_u > M$ 时，截面承载力满足要求；当 $M_u > M$ 过多时，则该截面设计说明不经济；当 $M_u < M$ 时，截面承载力不满足要求。

【例题 4-3】

已知矩形截面梁 $b \times h = 250\text{mm} \times 500\text{mm}$，由荷载设计值产生的 $M = 170\text{kN} \cdot \text{m}$（包括自重），混凝土采用 C30，钢筋选用 HRB335 级，环境类别为一类，设计使用年限为 50 年。试求所需受拉钢筋截面面积 A_s。

【解】

取 $c = 25\text{mm}$，$a_s = 35\text{mm}$，$h_0 = h - a_s = 500 - 35 = 465\text{mm}$，$f_c = 14.3\text{N/mm}^2$，$f_y = 300\text{N/mm}^2$，$\xi_b = 0.550$，$\alpha_1 = 1.0$，$f_t = 1.43\text{N/mm}^2$。

（1）求 ξ

$$\xi = 1 - \sqrt{1 - \frac{M}{0.5\alpha_1 f_c b h_0^2}} = 1 - \sqrt{1 - \frac{170 \times 10^6}{0.5 \times 1.0 \times 14.3 \times 250 \times 465^2}}$$
$$= 0.2517 < \xi_b = 0.550$$

（2）求 A_s

$$A_s = \frac{\alpha_1 f_c b h_0 \xi}{f_y} = \frac{1.0 \times 14.3 \times 250 \times 465 \times 0.2517}{300} = 1394.7\text{mm}^2$$

$$A_{s\min} = 0.002bh = 0.002 \times 250 \times 500 = 250\text{mm}^2 < A_s$$

$$A_{s\min} = 0.45\frac{f_t}{f_y}bh = \frac{0.45 \times 1.43}{300} \times 250 \times 500 = 268\text{mm}^2 < A_s$$

3）选筋、画配筋截面图

选用 2Φ20+2Φ22，$A_s = 1388\text{mm}^2$（实际配筋与计算配筋相差小于 5%）如图 4-13 所示。

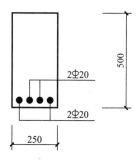

图 4-13　配筋图

【例题 4-4】

已知梁的截面尺寸 $b \times h = 250\text{mm} \times 500\text{mm}$，混凝土采用 C40，受拉钢筋采用 HRB335 级，4Φ18，$A_s = 1017\text{mm}^2$，承受的弯矩设计值为 $M = 12\text{kN} \cdot \text{m}$，环境类别为一类。设计使用年限为 100 年，试验算此梁是否安全。

【解】

$$f_c = 19.1\text{N/mm}^2, \quad f_t = 1.71\text{N/mm}^2, \quad f_y = 300\text{N/mm}^2,$$
$$c = 25 + (25 \times 40\%) = 35\text{mm}$$

$$h_0 = 500 - 45 = 455\text{mm}, \quad \alpha_1 = 1.0, \quad \xi_b = 0.55$$

(1) 验算公式的适用条件

$$A_s = 1017\text{mm}^2 \geqslant \frac{0.45f_t}{f_y}bh = \frac{0.45 \times 1.71}{300} \times 250 \times 500$$

$$= 320.6\text{mm}^2 \geqslant 0.002bh = 250\text{mm}^2$$

(2) 求 ξ

$$\xi = \frac{f_y A_s}{\alpha_1 f_c b h_0} = \frac{300 \times 1017}{1.0 \times 19.1 \times 250 \times 455} = 0.140 < \xi_b = 0.55$$

(3) 求 M_u

$$M_u = \alpha_1 f_c b h_0^2 \xi (1 - 0.5\xi) = 1.0 \times 19.1 \times 250 \times 455^2 \times 0.140(1 - 0.5 \times 0.140)$$

$$= 128.7 \times 10^6 \text{N} \cdot \text{mm} = 128.7\text{kN} \cdot \text{m} > \gamma_0 M = 1.1 \times 125\text{kN} \cdot \text{m} = 137.5\text{kN} \cdot \text{m}$$

此梁截面不安全。

任务 4　受弯构件斜截面破坏特征

根据箍筋数量和剪跨比的不同，受弯构件斜截面破坏的主要特征有三种，即斜拉破坏、剪压破坏和斜压破坏，如图 4-14 所示。

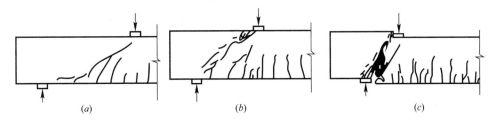

图 4-14　斜截面破坏形态
(a) 斜拉破坏；(b) 剪压破坏；(c) 斜压破坏

斜拉破坏：当箍筋配置过少，且剪跨比较大（$\lambda > 3$）时，常发生斜拉破坏。其特点是梁腹部一旦出现斜裂缝，与斜裂缝相交的箍筋应力立即达到屈服强度，使构件斜向拉裂为两部分而破坏。斜拉破坏属于脆性破坏。

剪压破坏：构件的箍筋适量，且剪跨比适中（$\lambda = 1 \sim 3$）时，将发生减压破坏。临近破坏时在剪跨段受拉区出现一条临界斜裂缝，与临界斜裂缝相交的箍筋应力达到屈服强度，最后剪压区混凝土在正应力和剪应力共同工作下达到极限状态而压碎。剪压破坏没有明显预兆，属于脆性破坏。

斜压破坏：当梁的箍筋配置过多或者梁的剪跨比较小（$\lambda < 1$）时，将主要发生斜压破坏。这种破坏是因梁的剪弯段腹板混凝土被一系列近乎平行的斜裂缝分割成许多倾斜的受压柱体，在正应力和剪应力共同工作下混凝土被压碎而导致的，破坏时箍筋应力尚未达到屈服强度。斜压破坏也属于脆性破坏。

上述三种破坏形态，在实际工程中都应设法避免。剪压破坏可以通过计算避免，斜压破坏和斜拉破坏分别通过限制截面尺寸和最小配箍率避免。剪压破坏时的应力状态时建立斜截面受剪承载力计算公式的依据。

任务5　受弯构件斜截面承载力计算

（1）受弯构件斜截面破坏形态。受弯构件斜截面破坏形态主要取决于箍筋数量和剪跨比 λ。

$$\lambda = a/h_0 \tag{4-32}$$

式中　a——剪跨，即集中荷载作用点至支座的距离。

（2）斜截面受剪承载力的计算截面位置

1）支座边缘处的斜截面，如图 4-15（a）中截面 1-1 所示；

2）钢筋弯起点处的斜截面，如图 4-15（a）中截面 2-2 所示；

3）箍筋截面面积或间距改变处的截面，如图 4-15（b）截面中 3-3、4-4 所示；

4）受拉区箍筋截面面积或间距改变处的斜截面，如图 4-15（c）截面中 5-5 所示。

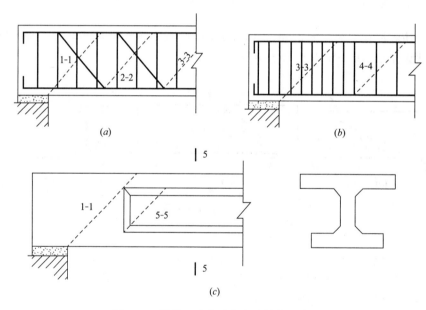

图 4-15　斜截面受剪承载力计算截面位置

（3）斜截面受剪承载力计算

已知：梁截面尺寸 $b \times h$、由荷载产生的剪力设计值 V、混凝土强度等级、箍筋级别。求箍筋数量。

仅配置箍筋时截面设计的计算步骤如下：

第一步：复核截面尺寸（防止斜压破坏）。

当 $h_w/b \leqslant 4.0$（称为厚腹梁或一般梁）时：

$$V \leqslant 0.25\beta_c f_c bh_0 \tag{4-33}$$

当 $h_w'/b \geqslant 6.0$（称为薄腹梁）时：

$$V \leqslant 0.2\beta_c f_c bh_0 \tag{4-34}$$

当 $4.0 < h'_w/b < 6.0$ 时，按线性内插法确定。

式中 h_w——截面的腹板高度。矩形截面时 $h_w = h_0$，T 形截面时 $h_w = h_0 - h'_f$，Ⅰ形截面时取腹板净高；

β_c——混凝土强度影响系数，当混凝土强度等级不大于 C50 时，$\beta_c = 1.0$；当混凝土强度等级为 C80 时，当 $\beta_c = 0.8$；期间按线性内插法取用。

第二步：确定是否需按计算配置箍筋。

$$V \leqslant 0.7 f_t bh_0 \tag{4-35}$$

或

$$V \leqslant \frac{1.75}{\lambda + 1.0} f_t bh_0 \tag{4-36}$$

第三步：确定箍筋数量。

$$\frac{A_{sv}}{s} = \frac{nA_{sv1}}{s} \geqslant \frac{V - 0.7 f_t bh_0}{f_{yv} h_0} \tag{4-37}$$

或

$$\frac{A_{sv}}{s} = \frac{nA_{sv1}}{s} \geqslant \frac{V - \dfrac{1.75}{\lambda + 1.0} f_t bh_0}{f_{yv} h_0} \tag{4-38}$$

第四步：根据构造要求，先确定箍筋肢数及箍筋直径，求出箍筋间距，同时满足箍筋最大间距要求。

第五步：验算最小配箍率（防止斜拉破坏）。

$$\rho_{sv} = \frac{A_{sv}}{bs} = \frac{nA_{sv1}}{bs} \geqslant \rho_{sv.min} = 0.24 f_t/f_{yv} \tag{4-39}$$

项目 3　框架结构竖向构件结构设计

单元 5 轴向拉（压）杆

任务 1 轴向拉（压）杆的内力

【知识目标】

掌握轴向拉伸和压缩的概念、内力计算方法、轴力图绘制方法及注意事项。

【能力目标】

能够独立对轴向构件进行计算，并绘制出轴力图。

【素质目标】

具有集体意识、良好的职业道德修养和与他人合作的态度，有创新精神。

【任务介绍】

沈阳××办公楼，建筑面积为 $15226.4\mathrm{m}^2$，地上 15 层，为框架结构。底层框架柱，截面尺寸为 450mm×450mm，柱的计算长度 l_0＝4.8m，轴心压力 N＝2000kN。

【任务分析】

根据任务，对底层框架柱进行受力分析及画出受力分析图，计算该柱构件的内力（轴力）绘制轴力图。

1. 轴向拉伸和压缩的概念

工程实际中，发生轴向拉伸或压缩变形的构件很多，例如，钢木组合桁架中的钢拉杆（图 5-1）和三角支架 ABC（图 5-2）中的杆，作用于杆上的外力（或外力合力）的作用线与杆的轴线重合。在这种轴向荷载作用下，杆件以轴向伸长或缩短为主要变形形式，称为轴向拉伸或轴向压缩。以轴向拉压为主要变形的杆件，称为拉（压）杆。

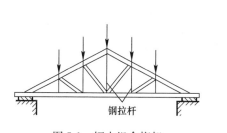

图 5-1 钢木组合桁架　　　　图 5-2 三角支架

实际拉（压）杆的端部连接情况和传力方式是各不相同的，但在讨论时可以将它们简化为一根等截面的直杆（等直杆），两端的力系用合力代替，其作用线与杆的轴线重合，则其计算简图如图 5-3 所示。

2. 内力计算、轴力图

在研究杆件的强度、刚度等问题时，都需要首先求出杆件的内力。

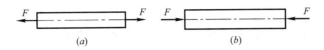

图 5-3　拉（压）杆计算简图

（1）截面法求内力（轴力）

1）截开：假想用 m-m 截面将杆件分为Ⅰ、Ⅱ两部分，并取Ⅰ为研究对象。

2）代替：将Ⅱ部分对Ⅰ部分的作用以截面上的分布内力代替。由于杆件平衡，所取Ⅰ部分也应保持平衡，故 m-m 截面上与轴向外力 F 平衡的内力的合力也是轴向力，这种内力称为轴力，记为 F_N。

3）平衡：根据共线力系的平衡条件：

$$\sum F_x = 0 \quad F_N - F = 0$$

求得：

$$F = F_N$$

规定轴力符号为：轴力为拉力时，F_N 取正值；反之，轴力为压力时，F_N 取负值。即轴力"拉为正，压为负"。

F_N 为杆件任一横截面上的内力，其作用线与杆的轴线重合，即垂直于横截面并通过其形心。这种内力称为轴力，用 F_N 表示。

若在分析时取右段为脱离体，如图 5-4（c）所示，则由作用与反作用原理可知，右段在截面上的轴力与前述左段上的轴力数值相等而指向相反。当然，同样也可以从右段的平衡条件来确定轴力。

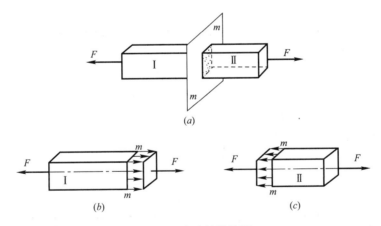

图 5-4　内力计算简图

对于压杆，同样可以通过上述过程求得其任一横截面上的轴力 F_N。

（2）轴力图

当杆受到多个轴向外力作用时，在杆不同位置的横截面上，轴力往往不同。为了形象而清晰地表示横截面上的轴力沿轴线变化的情况，可用平行于轴线的坐标表示横截面的位置，称为基线，用垂直于轴线的坐标表示横截面上轴力的数值，正的轴力（拉力）画在基线的上侧，负的轴力（压力）画在基线的下侧。这样绘出的轴力沿杆件轴线变化的图线，称为轴力图。

轴力图作用：

1）反映出轴力与截面位置变化关系，较直观。

2）确定出最大轴力的数值及其所在横截面的位置，即确定危险截面位置，为强度计算提供依据。

做法：

1）建立坐标 $F_N Ox$，x 轴平行于构件且等长，表示横截面位置。F_N 垂直于 x 轴，表示对应截面轴力的大小。

2）选比例尺，画出图形——轴力图。

当杆件水平时，正的 F_N 画在 x 轴上方，负的 F_N 画在 x 轴下方，画垂直于 x 轴的影线表示。

3）在图形上注明数值、单位、正负、图名。

【例题 5-1】

一等直杆所受外力如图 5-5（a）所示，试求各段截面上的轴力，并作杆的轴力图。

【解】

在 AB 段范围内任一横截面处将杆截开，取左段为脱离体，如图 5-5（b）所示，假定轴力 F_{N1} 为拉力（以后轴力都按拉力假设），由平衡方程：

$$\sum F_x = 0, \quad F_{N1} - 30 = 0$$

得：
$$F_{N1} = 30\text{kN}$$

结果为正值，故 F_{N1} 为拉力。

同理，可求得 BC 段内任一横截面上的轴力，如图 5-5（c）所示，为：

$$F_{N2} = 30 + 40 = 70\text{kN}$$

在求 CD 段内的轴力时，将杆截开后取右段为脱离体，如图 5-5（d）所示，因为右段杆上包含的外力较少。由平衡方程：

$$\sum F_x = 0, \quad -F_{N3} - 30 + 20 = 0$$

得：
$$F_{N3} = -30 + 20 = -10\text{kN}$$

结果为负值，故 F_{N3} 为压力。

同理，可得 DE 段内任一横截面上的轴力 F_{N4} 为：

$$F_{N4} = 20\text{kN}$$

按上述作轴力图的规则，作出杆件的轴力图，如图 5-5（f）所示。$F_{N,\max}$ 发生在 BC 段内的任一横截面上，其值为 70kN。

由上述计算可见，在求轴力时，先假设未知轴力为拉力时，则得数前的正负号，既表明所设轴力的方向是否正确，也符合轴力的正负号规定，因而不必要在得数后再注"压"或"拉"字。

【例题 5-2】

如图 5-6（a）所示的杆，除 A 端和 D 端各有一集中力作用外，在 BC 段作用有沿杆长均匀分布的轴向外力，集度为 2kN/m。作杆的轴力图。

【解】

用截面法不难求出 AB 段和 CD 段杆的轴力分别为 3kN（拉力）和 1kN（压力）。

BC 段杆的轴力，由平衡方程，可求得 x 截面的轴力为 $F_N(x) = 3 - 2x$。

在 BC 段内，$F_N(x)$ 沿杆长线性变化，当 $x = 0$，$F_N = 3$kN；当 $x = 2$m，$F_N = -1$kN。

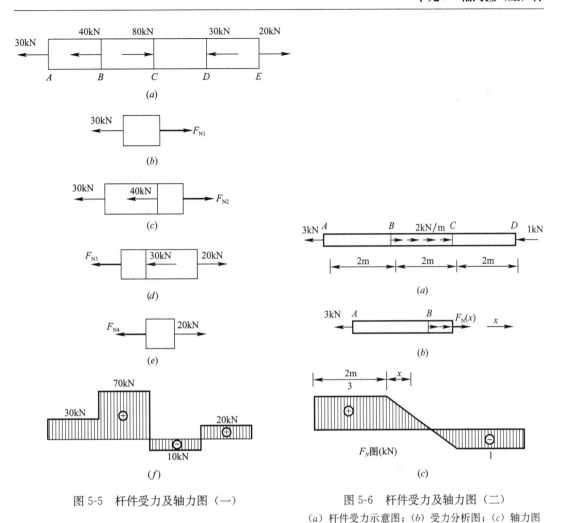

图 5-5 杆件受力及轴力图（一）

图 5-6 杆件受力及轴力图（二）
（a）杆件受力示意图；（b）受力分析图；（c）轴力图

任务 2 轴向拉（压）杆的应力和强度计算

【知识目标】

掌握轴向拉（压）杆的应力概念、应力计算、强度计算，了解许用应力概念、集中应力概念，了解材料许用应力值，了解拉（压）杆斜截面上的应力。

【能力目标】

能够了解轴向拉（压）杆的应力和强度计算，能够了解集中应力对构件的破坏，能够对构件进行强度校核。

【素质目标】

具有独立分析、解决问题的能力，训练中形成认真负责的职业道德修养，具有良好的集体意识、合作精神，具备协调工作的能力。

【任务介绍】

沈阳××办公楼，建筑面积为 15226.4m^2，地上 15 层，为框架结构。底层框架柱，截面尺寸为 450mm×450mm，采用 C30 混凝土，柱的计算长度 $l_0 = 4.8m$，轴心压力 $N = 2000kN$。

【任务分析】

根据任务，对底层框架柱进行受力分析，并计算该柱构件的内力应力值，并校核该柱是否满足强度要求。

1. 拉（压）杆横截面上的应力

要确定拉（压）杆横截面上的应力，必须了解其内力在横截面上的分布规律。由于内力与变形有关，因此，需通过实验来观察杆的变形。取一等截面直杆，如图 5-7（a）所示，事先在其表面刻两条相邻的横截面的边界线（ab 和 cd）和若干条与轴线平行的纵向线，然后在杆的两端沿轴线施加一对拉力 F 使杆发生变形，此时可观察到：①所有纵向线发生伸长，且伸长量相等；②横截面边界线发生相对平移。ab、cd 分别移至 a_1b_1、c_1d_1，但仍为直线，并仍与纵向线垂直，如图 5-7（b）所示，根据这一现象可作如下假设：变形前为平面的横截面，变形后仍为平面，只是相对地沿轴向发生了平移，这个假设称为平面假设。

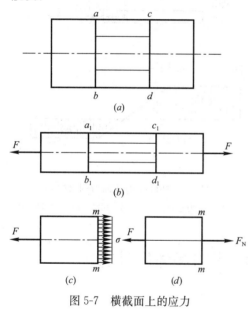

图 5-7 横截面上的应力

根据这一假设，任意两横截面间的各纵向纤维的伸长均相等。根据材料均匀性假设，在弹性变形范围内，变形相同时，受力也相同，于是可知，内力系在横截面上均匀分布，即横截面上各点的应力可用求平均值的方法得到。由于拉（压）杆横截面上的内力为轴力，其方向垂直于横截面，且通过截面的形心，而截面上各点处应力与微面积 dA 之乘积的合成即为该截面上的内力。显然，截面上各点处的切应力不可能合成为一个垂直于截面的轴力。所以，与轴力相应的只可能是垂直于截面的正应力 σ，设轴力为 F_N，横截面面积为 A，由此可得：

$$\sigma = \frac{F_N}{A} \tag{5-1}$$

式中，若 F_N 为拉力，则 σ 为拉应力；若 F_N 为压力，则 σ 为压应力；σ 的正负规定与轴力相同，拉应力为正，压应力为负，如图 5-7（c）、(d) 所示。

2. 拉（压）杆斜截面上的应力

以上研究了拉（压）杆横截面上的应力，为了更全面地了解杆内的应力情况，现在研究斜截面上的应力。如图 5-8（a）所示拉杆，利用截面法，沿任一斜截面 m-m 将杆截开，取左段杆为研究对象，该截面的方位以其外法线 On 与 x 轴的夹角 α 表示。由平衡条件可得斜截面 m-m 上的内力 F_α 为：

$$F_\alpha = F \tag{5-2}$$

由前述分析可知，杆件横截面上的应力均匀分布，由此可以推断，斜截面 m-m 上的总应力 p_α 也为均匀分布，如图 5-8（b）所示，且其方向必与杆轴平行。设斜截面的面积

为 A_α，A_α 与横截面面积 A 的关系为 $A_\alpha = \dfrac{A}{\cos\alpha}$。于是：

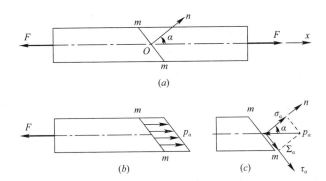

图 5-8　斜截面上的应力

$$p_\alpha = \frac{F_\alpha}{A_\alpha} = \frac{F}{A}\cos\alpha = \sigma_0\cos\alpha \tag{5-3}$$

式中，$\sigma_0 = \dfrac{F}{A}$ 为拉杆在横截面（$\alpha = 0$）上的正应力。

将总应力 p_α 沿截面法向与切向分解，如图 5-8（c）所示，得斜截面上的正应力与切应力分别为：

$$\sigma_\alpha = p_\alpha\cos\alpha = \sigma_0\cos^2\alpha \tag{5-4}$$

$$\tau_\alpha = p_\alpha\sin\alpha = \frac{\sigma_0}{2}\sin 2\alpha \tag{5-5}$$

当等直杆受几个轴向外力作用时，由轴力图可求得其最大轴力 $F_{N,\max}$，那么杆内的最大正应力为：

$$\sigma_{\max} = \frac{F_{N,\max}}{A} \tag{5-6}$$

最大轴力所在的横截面称为危险截面，危险截面上的正应力称为最大工作应力。

3. 许用应力与强度条件

（1）许用应力

前面已经介绍了杆件在拉伸或压缩时最大工作应力的计算，以及材料在荷载作用下所表现的力学性能。但是，杆件是否会因强度不够而发生破坏，只有把杆件的最大工作应力与材料的强度指标联系起来，才有可能作出判断。

前述试验表明，当正应力达到强度极限 σ_b 时，会引起断裂；当正应力达到屈服极限 σ_s 时，将产生屈服或出现显著的塑性变形。构件工作时发生断裂是不容许的，构件工作时发生屈服或出现显著的塑性变形一般也是不容许的。所以，从强度方面考虑，断裂是构件破坏或失效的一种形式，同样，屈服也是构件失效的一种形式，一种广义的破坏。

根据上述情况，通常将强度极限与屈服极限统称为极限应力，并用 σ_u 表示。对于脆性材料，强度极限是唯一强度指标，因此以强度极限作为极限应力；对于塑性材料，由于其屈服应力 σ_s 小于强度极限 σ_b，故通常以屈服应力作为极限应力。对于无明显屈服阶段的塑性材料，则用 $\sigma_{0.2}$ 作为 σ_u。

在理想情况下，为了充分利用材料的强度，应使材料的工作应力接近于材料的极限应力，但实际上这是不可能的，原因有如下的一些不确定因素：

1）用在构件上的外力常常估计不准确。

2）计算简图往往不能精确地符合实际构件的工作情况。

3）实际材料的组成与品质等难免存在差异，不能保证构件所用材料完全符合计算时所做的理想均匀假设。

4）结构在使用过程中偶尔会遇到超载的情况，即受到的荷载超过设计时所规定的荷载。

5）极限应力值是根据材料试验结果按统计方法得到的，材料产品的合格与否也只能凭抽样检查来确定，所以实际使用材料的极限应力有可能低于给定值。

所有这些不确定的因素，都有可能使构件的实际工作条件比设想的要偏于危险。除以上原因外，为了确保安全，构件还应具有适当的强度储备，特别是对于因破坏将带来严重后果的构件，更应给予较大的强度储备。

由此可见，杆件的最大工作应力 σ_{max} 应小于材料的极限应力 σ_u，而且还要有一定的安全裕度。因此，在选定材料的极限应力后，除以一个大于 1 的系数 n，所得结果称为许用应力，即：

$$[\sigma] = \frac{\sigma_u}{n} \tag{5-7}$$

式中，n 为安全因数。确定材料的许用应力就是确定材料的安全因数。确定安全因数是一项严肃的工作，安全因数定低了，构件不安全，定高了则浪费材料。各种材料在不同工作条件下的安全因数或许用应力，可从有关规范或设计手册中查到。在一般静强度计算中，对于塑性材料，按屈服应力所规定的安全因数 n_s，通常取为 1.5～2.2；对于脆性材料，按强度极限所规定的安全因数 n_b，通常取为 3.0～5.0，甚至更大。

计算中，都要用到材料的许用应力。几种常用材料在一般情况下的许用应力值见表 5-1。

几种常用材料的许用应力约值

表 5-1

材料名称	牌号	轴向拉伸（MPa）	轴向压缩（MPa）
低碳钢	Q235	140～170	140～170
低合金钢	16Mn	230	230
灰口铸铁	—	35～55	160～200
木材（顺纹）	—	5.5～10.0	8～16
混凝土	C20	0.44	7
混凝土	C30	0.6	10.3

说明：适用于常温、静载和一般工作条件下的拉杆和压杆。

（2）强度条件

为了保证轴向拉伸（压缩）杆件的正常工作，必须使杆件的最大工作应力不超过杆件的材料在拉伸（压缩）时的容许应力 $[\sigma]$，即：

$$\sigma = \frac{N}{A} \leqslant [\sigma] \tag{5-8}$$

这就是杆件受轴向拉伸（压缩）时的强度条件。在工程实际中，根据这一强度条件可以解决杆件三个方面的问题：

1）强度校核

已知杆件的材料、横截面尺寸及杆所受轴力（即已知 $[\sigma]$、A 及 N），就可用式（5-8）来判断杆件是否可以安全工作。如杆件的工作应力小于或等于材料的容许应力，说明杆件是可以安全工作的；如工作应力大于容许应力，则从材料的强度方面来看，这个杆件是不安全的。

2）截面尺寸设计

已知杆件所受的轴力及所用的材料（即已知 N 及 $[\sigma]$），就可用式（5-9）计算杆件工作时所需的横截面面积。然后按照杆件在工程实际中的用途和性质，选定横截面的形状，算出杆件的截面尺寸。

$$A \geqslant \frac{N}{[\sigma]} \qquad (5-9)$$

3）确定容许荷载

已知杆件的材料和尺寸（即已知 $[\sigma]$ 及 A），就可用式（5-10）计算出杆件所能承受的轴力。然后根据杆件的受力情况，确定杆件的容许荷载。

$$N \leqslant [\sigma]A \qquad (5-10)$$

【例题 5-3】

螺纹内径 $d=15\text{mm}$ 的螺栓，紧固时所承受的预紧力为 $F=22\text{kN}$。若已知螺栓的许用应力 $[\sigma]=150\text{MPa}$，试校核螺栓的强度是否足够。

【解】

（1）确定螺栓所受轴力。应用截面法，很容易求得螺栓所受的轴力即为预紧力，有：

$$F_N = F = 22\text{kN}$$

（2）计算螺栓横截面上的正应力。根据拉伸与压缩杆件横截面上正应力计算公式（5-1），螺栓在预紧力作用下，横截面上的正应力为：

$$\sigma = \frac{F_N}{A} = \frac{F}{\frac{\pi d^2}{4}} = \frac{4 \times 22 \times 10^3}{3.14 \times 15^2} = 124.6$$

（3）应用强度条件进行校核。已知许用应力为：

$$[\sigma] = 150\text{MPa}$$

螺栓横截面上的实际应力为：

$$\sigma = 124.6\text{MPa} < [\sigma] = 150\text{MPa}$$

所以，螺栓的强度是足够的。

【例题 5-4】

一钢筋混凝土组合屋架，如图 5-9（a）所示，受均布荷载 q 作用，屋架的上弦杆 AC 和 BC 由钢筋混凝土制成，下弦杆 AB 为 Q235 钢制成的圆截面钢拉杆。已知：$q=10\text{kN/m}$，$l=8.8\text{m}$，$h=1.6\text{m}$，钢的许用应力 $[\sigma]=170\text{MPa}$，试设计钢拉杆 AB 的直径。

【解】

（1）求支反力 F_A 和 F_B，因屋架及荷载左右对称，所以：

$$F_A = F_B = \frac{1}{2}ql = \frac{1}{2} \times 10 \times 8.8 = 44\text{kN}$$

（2）用截面法求拉杆内力 F_{NAB}，取左半个屋架为脱离体，受力如图 5-9（b）所示。由：

$$\sum M_C = 0, \quad F_A \times 4.4 - q \times \frac{l}{2} \times \frac{l}{4} - F_{NAB} \times 1.6 = 0$$

得：

$$F_{NAB} = \left(F_A \times 4.4 - \frac{1}{8}ql^2\right)/1.6 = \frac{44 \times 4.4 - \frac{1}{8} \times 10 \times 8.8^2}{1.6} = 60.5\text{kN}$$

（3）设计 Q235 钢拉杆的直径。

由强度条件：

$$\frac{F_{NAB}}{A} = \frac{4F_{NAB}}{\pi d^2} \leqslant [\sigma]$$

得：

$$d \geqslant \sqrt{\frac{4F_{NAB}}{\pi[\sigma]}} = \sqrt{\frac{4 \times 60.5 \times 10^3}{\pi \times 170}} = 21.29\text{mm}$$

【例题 5-5】

三脚架 ABC 由 AC 和 BC 两根杆组成，如图 5-10（a）所示。杆 AC 由两根的槽钢组成，许用应力 $[\sigma]=160\text{MPa}$；杆 BC 为一根工字钢，许用应力为 $[\sigma]=100\text{MPa}$。求荷载 F 的许可值 $[F]$。

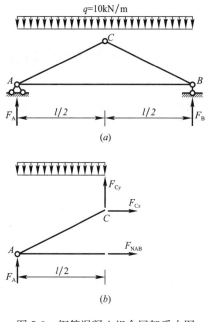

图 5-9　钢筋混凝土组合屋架受力图

（a）组合屋架示意图；（b）受力分析图

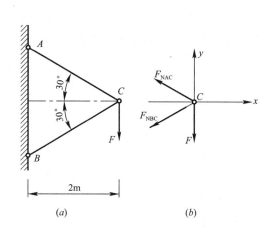

图 5-10　三脚架受力图

（a）三脚架示意图；（b）受力分析图

【解】

（1）求两杆内力与力 F 的关系。取节点 C 为研究对象，其受力如图 5-10（b）所示。节点 C 的平衡方程为：

$$\sum F_x = 0, \quad F_{NBC} \times \cos\frac{\pi}{6} - F_{NAC} \times \cos\frac{\pi}{6} = 0$$

$$\sum F_y = 0, \quad F_{NBC} \times \sin\frac{\pi}{6} + F_{NAC} \times \sin\frac{\pi}{6} - F = 0$$

解得：

$$F_{NBC} = F_{NAC} = F \tag{5-11}$$

（2）计算各杆的许可轴力。由型钢表查得杆 AC 和 BC 的横截面面积分别为：

$$A_{AC} = 18.51 \times 10^{-4} \times 2 = 37.02 \times 10^{-4}\,\text{m}^2, \quad A_{BC} = 42 \times 10^{-4}\,\text{m}^2$$

根据强度条件：

$$\sigma = \frac{F_N}{A} \leqslant [\sigma]$$

得两杆的许可轴力为：

$$[F_N]_{AC} = (160 \times 10^6) \times (37.02 \times 10^{-4}) = 592.32 \times 10^3\,\text{N} = 592.32\text{kN}$$

$$[F_N]_{BC} = (100 \times 10^6) \times (42 \times 10^{-4}) = 420 \times 10^3\,\text{N} = 420\text{kN}$$

（c）求许可荷载。将 $[F_N]_{AC}$ 和 $[F_N]_{BC}$ 分别代入式（5-11），便得到按各杆强度要求所算出的许可荷载为：

$$[F]_{AC} = [F_N]_{AC} = 592.32\text{kN}$$

$$[F]_{BC} = [F_N]_{BC} = 420\text{kN}$$

所以该结构的许可荷载应取 $[F] = 420\text{kN}$。

4. 应力集中

（1）应力集中概念

在外力作用下，构件在形状或截面尺寸有突然变化处，将出现局部的应力骤增现象。例如，如图 5-11（a）所示的含圆孔的受拉薄板，圆孔处截面 A-A 上的应力分布如图 5-11（b）所示，在孔的附近处应力骤然增加，而离孔稍远处应力就迅速下降并趋于均匀。这种由杆件截面骤然变化而引起的局部应力骤增现象，称为应力集中。

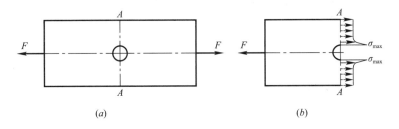

图 5-11　应力集中现象

（2）应力集中对构件强度的影响

对于由脆性材料制成的构件，当由应力集中所形成的最大局部应力到达强度极限时，构件即发生破坏。因此，在设计脆性材料构件时，应考虑应力集中的影响。

对于由塑性材料制成的构件，应力集中对其在静荷载作用下的强度则几乎无影响。因为当最大应力 σ_{max} 达到屈服应力 σ_s 后，如果继续增大荷载，则所增加的荷载将由同一截面的未屈服部分承担，以致屈服区域不断扩大，应力分布逐渐趋于均匀化。所以，在研究塑性材料构件的静强度问题时，通常可以不考虑应力集中的影响。但在动荷载作用下，则不论是塑性材料，还是脆性材料制成的杆件，都应考虑应力集中的影响。

任务 3 轴向拉（压）杆的位移计算

【知识目标】

掌握杆件在外力下的变形概念、轴向变形及轴向线应变、横向变形及横向线应变、胡克定律。

【能力目标】

能够掌握杆件在外力下的变形，利用胡克定律对变形量进行计算。

【素质目标】

任务训练中形成工作责任感、集体意识、职业道德修养，同时能独立解决问题、协调工作关系。

【任务介绍】

沈阳××办公楼，建筑面积为 15226.4m^2，地上 15 层，为框架结构。底层框架柱，截面尺寸为 $450\text{mm} \times 450\text{mm}$，采用 C30 混凝土，柱的计算长度 $l_o = 4.8\text{m}$，轴心压力 $N = 2000\text{kN}$。

【任务分析】

根据任务，对底层框架柱进行受力分析，计算该柱构件的变形。

杆件受外力作用后，其几何形状和尺寸一般都要发生改变，这种改变量称为变形。变形的大小是用位移和应变这两个量来度量。

位移是指位置改变量的大小，分为线位移和角位移。应变是指变形程度的大小，分为线应变和切应变。

如图 5-12 （a）所示微小正六面体，棱边边长的改变量 $\Delta\mu$ 称为线变形，如图 5-12 （b）所示，$\Delta\mu$ 与 Δx 的比值 ε 称为线应变，线应变是无量纲的。

$$\varepsilon = \frac{\Delta\mu}{\Delta x} \tag{5-12}$$

上述微小正六面体的各边缩小为无穷小时，通常称为单元体。单元体中相互垂直棱边夹角的改变量 y，如图 5-12 （c）所示，称为切应变或角应变（剪应变）。角应变用弧度来度量，它也是无量纲的。

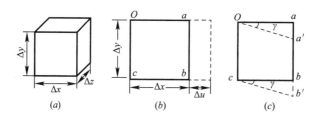

图 5-12 单元体受力变形特点

1. 轴向变形及轴向线应变

如前所述，直杆受轴向拉力或压力作用时，杆件会产生沿轴线方向的伸长或缩短。如图 5-13 所示，设杆的原长为 l，变形后的长度为 l_1，则杆长的变形量 Δl 称为轴向绝对变形，即：

$$\Delta l = l_1 - l \tag{5-13}$$

显然，杆件受拉时，Δl 为正值；杆件受压时，Δl 为负值。

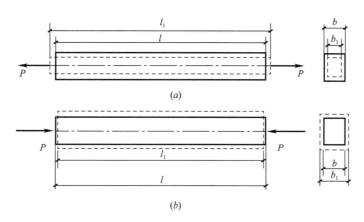

图 5-13 杆件受力变形图

轴向变形 Δl 与杆的原长 l 之比，即单位长度的变形称为轴向相对变形，亦称纵向线应变，用符号 ε 表示。即：

$$\varepsilon = \frac{\Delta l}{l} \tag{5-14}$$

式中，ε 是一个无量纲的量，其正负号与 Δl 一致。

2. 横向变形及横向线应变

轴向拉（压）杆在轴向伸长（缩短）的同时，也要发生横向尺寸的减小（增大）。设杆件原横向尺寸为 b，变形后的尺寸为 b_1，则杆的横向变形量 Δb 称为横向绝对变形，即：

$$\Delta b = b_1 - b \tag{5-15}$$

Δb 也是代数量，杆件受拉时，为负值；杆件受压时，为正值。相应的，杆件的横向线应变为：

$$\varepsilon' = \frac{\Delta b}{b} \tag{5-16}$$

式中，ε' 也是一个无量纲的量，其正负与 Δb 一致。

3. 横向变形系数（泊松比）

实验表明，在弹性范围内 ε' 与 ε 之比的绝对值 ν 为一个常数，这是一个无量纲的数，称为横向变形系数或泊松比。

$$\nu = \left| \frac{\varepsilon'}{\varepsilon} \right| \tag{5-17}$$

考虑到 ε' 与 ε 的正负号总是相反的，故有：

$$\varepsilon' = -\nu\varepsilon \tag{5-18}$$

一些材料的 ν 值可参见表 5-2。

常用材料的 E、ν 值　　　　　　表 5-2

材料	$E(10^5\,\text{MPa})$	ν
低碳钢	2～2.20	0.24～0.28
低碳合金钢	1.96～2.16	0.25～0.33
合金钢	1.86～2.06	0.25～0.30
灰铸铁	1.15～1.57	0.23～0.27
木材（顺纹）	0.09～0.12	—
砖石料	0.027～0.035	0.12～0.2
混凝土	0.15～0.36	0.16～0.18
花岗岩	0.49	0.16～0.34

4. 胡克定律

实验证明，在线弹性范围内，轴向拉（压）杆的伸长（缩短）值 Δl 与轴力 F_N 及杆长 l 成正比，而与杆的横截面面积成反比，这就是胡克定律。引入比例常数 E，得：

$$\Delta l = \frac{F_N l}{EA} \tag{5-19}$$

E 称为材料的拉（压）弹性模量，是表明材料力学性能的物理量，其量纲及单位均与应力相同。它和泊松比 ν 是材料的两个最基本的弹性常数，数值取决于材料的性质。常用材料的 E 值参见表 5-2。

式（5-19）表明，在 F_N、l 不变的情况下，EA 的乘积越大，则 Δl 越小。因此，EA 的乘积反映了杆件抵抗弹性变形能力的大小，故称为杆件的抗拉（压）刚度。

将式（5-19）的两端同时除以 l，已知 $\dfrac{\Delta l}{l} = \varepsilon$ 和 $\dfrac{F_N}{A} = \sigma$，则有：

$$\varepsilon = \frac{\sigma}{E} \tag{5-20}$$

式（5-19）和式（5-20）是胡克定律的两种不同表达形式。由式（5-20）可知，在线弹性范围内，应力与应变成正比。

【例题 5-6】

图 5-14 为一正方形截面混凝土柱，上段柱横截面边长是 $a_1 = 240\text{mm}$，下段柱横截面边长是 $a_2 = 3000\text{mm}$，荷载 $F_1 = 200\text{kN}$、$F_2 = 135\text{kN}$，不计自重，其拉（压）弹性模量为 $E = 25\text{GPa}$，试求柱的总变形。

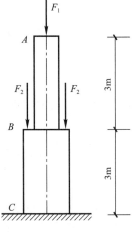

图 5-14　混凝土柱立面图

【解】

（1）求轴力。杆的各段轴力值分别为：

$$F_{NAB} = -F = -200\text{kN}$$

$$F_{NBC} = -F_1 - 2F_2 = -200 - 2 \times 135 = -470\text{kN}$$

（2）求变形。分别求 AB 段和 BC 段的轴向变形。

$$\Delta l_{AB} = \frac{F_{NAB} l_{AB}}{EA} = \frac{-200 \times 10^3 \times 3 \times 10^3}{25 \times 10^3 \times 240^2} = -0.42\text{mm}$$

$$\Delta l_{BC} = \frac{F_{NBC} l_{BC}}{EA} = \frac{-470 \times 10^3 \times 3 \times 10^3}{25 \times 10^3 \times 300^2} = -0.63\text{mm}$$

（3）求 AC 杆的总伸长。

$$\Delta l = \Delta l_{AB} + \Delta l_{BC} = -0.42 - 0.63 = -1.05\text{mm}（压缩）$$

即杆缩短了 1.05mm。

【例题 5-7】

为了测定钢材的弹性模量 E 值，将钢材加工成直径 $d=10\text{mm}$ 的试件，放在试验机上拉伸，当拉力 P 达到 15kN 时，测得纵向线应变 $\varepsilon=0.00096$，求这一钢材的弹性模量。

【解】

当 P 达到 15kN 时，正应力为：

$$\sigma = \frac{P}{A} = \frac{15 \times 10^3}{\frac{1}{4} \times \pi \times 10^2} = 191.08\text{MPa}$$

由胡克定律 $E = \dfrac{\sigma}{\varepsilon}$ 得：

$$E = \frac{\sigma}{\varepsilon} = \frac{191.08}{0.00096} = 1.99 \times 10^5 \text{MPa} = 199\text{GPa}$$

单元 6　钢筋混凝土框架柱

任务 1　钢筋混凝土框架柱的构造要求

【知识目标】

掌握柱构件的概念、截面形式及尺寸要求、纵向受力钢筋构造要求、箍筋构造要求。

【能力目标】

能够正确判断已有柱构件是否满足建筑构造要求。

【素质目标】

任务训练中形成工作责任感、集体意识、职业道德修养，同时能独立解决问题、协调工作关系。

【任务介绍】

沈阳××办公楼，建筑面积为 $15226.4m^2$，地上 15 层，为框架结构，底层框架柱采用 C30 混凝土。

【任务分析】

根据任务，分析该混凝土柱应满足哪些构造要求？

1. 柱构件的概念

钢筋混凝土框架柱属于轴向受力构件，混凝土轴向受力构件可分为受压构件和受拉构件，以承受轴向压力为主的构件属于受压构件、以承受轴向拉力为主的构件属于受拉构件，如图 6-1 所示。

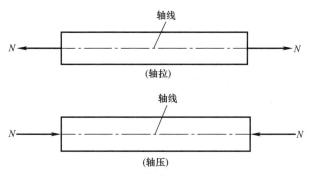

图 6-1　受拉、受压构件

受压构件按其受力情况可分为轴心受压构件、单向偏心受压构件和双向偏心受压构件。

当轴向压力通过柱截面重心时，称为轴心受压柱。

当轴向压力与柱截面重心有一个偏心距 e_0 时，称为偏心受压柱。当柱截面上同时作用有通过截面重心的轴向压力 N 和弯矩 M 时，因为轴向压力 N 和弯矩 M 可以换算成具有偏心距 $e_0 = M/N$ 的偏心轴向压力，所以也称为偏心受压柱。

当轴向压力的作用线对构件截面的两个主轴都有偏心距时为双向偏心受压构件，如图 6-2 所示。

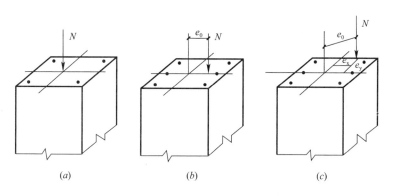

(a)　(b)　(c)

图 6-2　受压构件的类型

(a) 轴心受压构件；(b) 单向偏心受压构件；(c) 双向偏心受压构件

实际工程中，真正的轴心受压构件是不存在的。例如：混凝土浇筑不均匀，构件尺寸的施工误差，钢筋的布置不对称，装配式构件安装定位的不准确，都会导致轴向力产生偏心。当偏心距小到在设计中可忽略不计时，如等跨柱网的内柱、只承受节点荷载的桁架压杆、码头中的桩等结构，则可近似按轴心受压柱计算。

为了方便，以恒载为主的多层建筑内柱和屋架的受压腹杆等少数构件，常近似按轴心受压构件进行设计，而框架结构柱、单工业厂房柱、承受节间荷载的屋架上弦杆、拱等大量构件，一般按偏心受压构件进行设计。

2. 柱构件的基本假定

（1）忽略混凝土的不均匀性与不对称配筋的影响。

（2）按单一匀质材料分析钢筋混凝土受压构件。

3. 钢筋混凝土框架柱的构造要求

为充分发挥混凝土材料的抗压性能，减小构件的截面尺寸，节约钢筋，宜采用强度等级较高的混凝土，高层建筑可以采用强度等级更高的混凝土。由于受到混凝土受压最大应变的限制，高强度的钢筋不能充分发挥作用，因此不宜采用高强度钢筋。

《混凝土结构设计规范》GB 50010—2010 规定，纵向受力普通钢筋宜采用 HRB400 级、HRBF400 级、HRB500 级、HRBF500 级。箍筋宜采用 HRB400 级、HRBF400 级、HRB500 级、HRBF500 级、HPB300 级。混凝土一般采用 C25、C30、C35、C40。

（1）截面形式及尺寸要求

钢筋混凝土受压构件的截面形式考虑到受力合理和模板制作的方便，钢筋混凝土受压构件通常采用矩形或方形截面。一般轴心受压柱以方形为主，偏心受压柱以矩形为主。有特殊要求时，轴心受压柱可采用圆形、多边形等。偏心受压柱还可采用 I 形、T

形等。

柱截面尺寸不宜过小，一般应符合 $l_0/b \leqslant 30$ 及 $l_0/h \leqslant 25$，此处 l_0 为柱的计算长度，h 为截面的长边尺寸，b 为截面的短边尺寸，且一般不宜小于 250mm×250mm。为了便于模板尺寸模数化，边长不大于 800mm 时，以 50mm 为模数；边长大于 800mm 时，以 100mm 为模数。

（2）纵向受力钢筋

柱纵向受力钢筋应采用 HRB400 级、HRB500 级、HRBF400 级、HRBF400 级。

纵向受力钢筋直径 d 不宜小于 12mm，通常采用 12~32mm。一般宜采用根数较少，直径较粗的钢筋，以保证骨架的刚度。

方形和矩形截面柱中纵向受力钢筋不少于 4 根，圆柱中不宜少于 8 根且不应少于 6 根。纵向受力钢筋的净距不应小于 50mm，偏心受压柱中垂直于弯矩作用平面的侧面上的纵向受力钢筋及轴心受压柱中各边的纵向受力钢筋的中距不宜大于 300mm。

受压构件纵向钢筋的最小配筋率应符合表 6-1 的规定。全部纵向钢筋的配筋率不宜超过 5%。受压钢筋的配筋率一般不超过 3%，通常在 0.5%~2% 之间。

纵向受力钢筋的最小配筋百分率 ρ_{min}（%）　　　　　表 6-1

受力类型			最小配筋百分率
受压构件	全部纵向钢筋	强度等级 500MPa	0.50
		强度等级 400MPa	0.55
		强度等级 300MPa、335MPa	0.60
	一侧纵向钢筋		0.20
受弯构件、偏心受拉、轴心受拉构件一侧的受拉钢筋			0.20 和 $45f_t/f_y$

注：1. 受压构件全部纵向钢筋最小配筋百分率，当采用 C60 以上强度等级的混凝土时，应按表中规定增加 0.10；
　　2. 板类受弯构件（不包含悬臂板）的受拉钢筋，当采用强度等级 400MPa、500MPa 的钢筋时，其最小配筋率应允许采用 0.15 和 $45f_t/f_y$ 中的较大值；
　　3. 偏心受拉构件中的受压钢筋，应按受压构件一侧纵向钢筋考虑；
　　4. 受压构件全部纵向钢筋和一侧纵向钢筋的配筋率以及轴心受拉构件和小偏心受拉构件一侧受拉钢筋的配筋率均按构件的全截面面积计算；
　　5. 当钢筋沿构件截面周边布置时，"一侧纵向钢筋"是指沿受力方向两个对边中一边布置的纵向钢筋。

4. 箍筋

箍筋一般采用 HPB300 级或 HRB335 级钢筋。受压构件中的箍筋，应做成封闭式。箍筋直径不应小于 $d/4$（d 为纵向钢筋的最大直径），且不应小于 6mm。箍筋间距不应大于 400mm 及构件截面的短边尺寸，且不应大于 15d（d 为纵向受力钢筋的最小直径）。

当柱中全部纵向钢筋的配筋率超过 3% 时，箍筋直径不宜小于 8mm，间距不应大于 10d，同时不应大于 200mm；箍筋末端应做成 135°弯钩且弯钩末端平直长度不应小于箍筋直径的 10 倍。

当柱截面的短边尺寸大于 400mm 且每边纵向钢筋超过 3 根时，或当柱截面的短边尺寸不大于 400mm 但每边纵向钢筋多余 4 根时应设置复合箍筋，以防止中间钢筋被压屈，如图 6-3 所示。

偏压柱 $h \geqslant 600mm$ 时，应设置 10~16mm 的纵向构造钢筋，如图 6-4 所示。

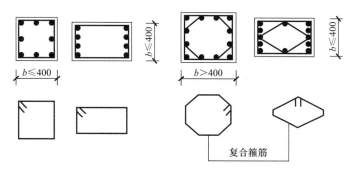

图 6-3　箍筋、复合箍筋示意图

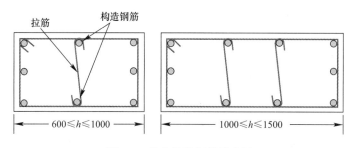

图 6-4　纵向构造钢筋示意图

任务 2　钢筋混凝土框架柱的承载力计算

【知识目标】

掌握柱的破坏特点、轴心受压柱的承载力计算，了解偏心受力构件的概念和特点。

【能力目标】

能够分析柱的破坏特点，能够计算轴心受压柱的承载力。

【素质目标】

任务训练中形成工作责任感、集体意识、职业道德修养，同时能独立解决问题、协调工作关系。

【任务介绍】

沈阳××办公楼，建筑面积为 $15226.4m^2$，地上 15 层，为框架结构。底层框架柱，采用 C30 混凝土，柱的计算长度 $l_0＝4.8m$，轴心压力 $N＝2000kN$，纵筋采用 HRB335 级，箍筋采用 HPB300，设纵向钢筋配筋率 ρ' 为 0.01。试对该柱进行设计。

【任务分析】

根据任务，对底层框架柱进行受力分析，设计该框架柱。

1. 柱的破坏特点

轴心受压柱按照长细比 l_0/b 的大小分为短柱和长柱两类。对方形和矩形柱，$l_0/b \leqslant 8$ 时属于短柱，否则为长柱。柱承载力计算理论也是建立在试验基础之上。试验表明，构件的长细比对构件承载力影响较大。轴心受压柱的长细比是指柱计算长度 l_0 与截面最小回转半径 i 或矩形截面的短边尺寸 b 之比。

（1）短柱破坏试验

1）弹性阶段

混凝土与钢筋始终保持共同变形，整个截面的应变是均匀分布的，两种材料的压应变保持一致，应力的比值基本上等于两者弹性模量之比。

2）弹塑性阶段

随着荷载逐渐增大，混凝土塑性变形开始发展，随着柱子变形的增大，混凝土应力增加得越来越慢，钢筋应力增加得越来越快，两者的应力比值不再等于弹性模量之比。

破坏特点：当轴向加载达到柱子破坏荷载的 90% 时，柱子出现与荷载方向平行的纵向裂缝，混凝土保护层剥落，最后，箍筋间的纵向钢筋向外弯凸，混凝土被压碎而破坏，如图 6-5 所示。破坏时，混凝土的应力达到轴心抗压强度 f_c，钢筋应力也达到受压屈服强度 f_y'。

（2）长柱破坏试验

长柱在轴向压力作用下，不仅发生压缩变形同时还发生纵向弯曲，凸侧受压，在荷载不大时，全截面受压，但内凹一侧的压应力比外凸一侧的压应力大。随着荷载增加突然变为受拉，出现受拉裂缝，凹侧混凝土被压碎，纵向钢筋受压向外弯曲，如图 6-6 所示。

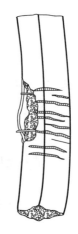

图 6-5　混凝土短柱破坏　　　　　图 6-6　混凝土长柱破坏

试验表明，柱的长细比是破坏形态的一个主要因素。因此引入 φ，将 φ 称为稳定系数。

当 $l_0/b \leqslant 8$ 时，为短柱，可不考虑纵向弯曲，取 $\varphi = 1.0$；当 $l_0/b > 8$ 时，为长柱，φ 值随 l_0/b 的增大而减小，φ 值与 l_0/b 的关系见表 6-2。

钢筋混凝土轴心受压柱的稳定系数 φ 　　　　　　表 6-2

l_0/b	$\leqslant 8$	10	12	14	16	18	20	22	24	26	28
l_0/d	$\leqslant 7$	8.5	10.5	12	14	15.5	17	19	21	22.5	24
l_0/i	$\leqslant 28$	35	42	48	55	62	69	76	83	90	97
φ	1.0	0.98	0.95	0.92	0.87	0.81	0.75	0.70	0.65	0.60	0.56
l_0/b	30	32	34	36	38	40	42	44	46	48	50
l_0/d	26	28	29.5	31	33	34.5	36.5	38	40	41.5	43
l_0/i	104	111	118	125	132	139	146	153	160	167	174
φ	0.52	0.48	0.44	0.40	0.36	0.32	0.29	0.26	0.23	0.21	0.19

注：表中 l_0 为构件计算长度，按表计算；b 为矩形截面的短边尺寸；i 为截面最小回转半径。

必须指出，采用过分细长的柱子是不合理的，因为柱子越细长，受压后越容易发生纵向弯曲而导致失稳，承载力降低越多，材料强度不能充分利用。因此，对一般建筑物中的柱，常限制长细比 $l_0/b \leqslant 30$ 及 $l_0/h \leqslant 25$（b 为截面短边尺寸，h 为长边尺寸）。

2. 轴心受压柱的承载力计算

根据箍筋的功能和配置方式分为普通箍筋柱和螺旋箍筋柱，实际工程中常用普通箍筋柱。普通箍筋柱正截面承载力计算公式：

$$N \leqslant N_u = 0.9\varphi(f_c A + f_y' A_s') \tag{6-1}$$

式中　N_u——轴向压力承载力设计值；

　　　N——轴向压力设计值；

　　　φ——钢筋混凝土构件的稳定系数；

　　　f_c——混凝土的轴心抗压强度设计值；

　　　A——构件截面面积，当纵向钢筋配筋率大于 3% 时，A 应改为 $A_c = A - A_s$；

　　　f_y'——纵向钢筋的抗压强度设计值；

　　　A_s'——全部纵向钢筋的截面面积。

（1）截面设计

在截面设计时可以先选定材料强度等级，并根据轴向压力的大小以及房屋总体高度和建筑设计的要求确定构件截面的形状、尺寸、柱子的计算高度，然后利用表 6-3 确定稳定系数，再由式（6-1）求出所需的纵向钢筋数量。

柱的计算长度 l_0　　　　　　　　　　　　　　　　　　　　表 6-3

楼盖类型	柱类型	计算长度
现浇楼盖	底层柱 其他各层柱	1.0H 1.25H
装配式楼盖	底层柱 其他各层柱	1.25H 1.5H

注：表中 H 对底层柱为从基础顶面到一层楼盖顶面的高度；对其余各层柱为上下两层楼盖顶面之间的高度。

如果计算所得纵筋的配筋率偏高，可考虑增大截面尺寸后重新计算，反之则考虑能否减小柱的截面尺寸。箍筋则按构造要求配置。

在实际工程中轴心受压构件沿截面、两个主轴方向的杆端约束条件可能不同，因此计算长度也就可能不完全相同。如正方形、圆形或多边形截面，则应按其中较大的确定。如为矩形截面，应分别按两个方向确定，并取其中较小者带入式（6-1）进行承载力计算。

（2）承载力复核

承载力复核时，构件的计算长度、截面尺寸、材料强度、纵向钢筋截面面积均为已知，先检查配筋率是否满足经济配筋率的要求，然后根据构件的长细比由表 6-3 查出 ϕ 值，再根据式（6-1）进行复核，若结果满足，则截面承载力足够，反之，截面承载力不够。

【例题 6-1】

有一钢筋混凝土受压柱，柱的计算长度 $l_0 = 4.8$m，轴心压力设计值 $N = 2600$kN，采用混凝土强度等级为 C30（$f_c = 14.3$N/mm²），纵筋采用 HRB335 级（$f_y = 300$N/mm²），箍筋采用 HPB300，设纵向钢筋配筋率 ρ' 为 0.01。试对该柱进行设计（不需要验算）。

【解】

（1）初步估计截面尺寸

ρ' 为 0.01，则 $A_s=0.01A_c$，设 $\phi=1.0$。

$$A=\frac{N}{0.9\varphi(f_c+\rho'f_y')}=\frac{2600000}{0.9(14.3+0.01\times300)}=166987.8\text{mm}^2$$

正方形截面边长 $b=\sqrt{A}=409.64\text{mm}$，所以取 $b=h=400\text{mm}$。

（2）计算配筋计算

确定稳定系数 φ，由 $l_0/b=4800/400=12$。

用插值法计算，查表得 $\varphi=0.95$。

由 $N=0.9\varphi(f_cA+f_yA_s)$ 得：

$$A_s=\frac{\left(\frac{N}{0.9\varphi}-f_cA\right)}{f_y'}=\frac{\frac{2600\times1000}{0.9\times0.95}-14.3\times400\times400}{300}=2509.8\text{mm}^2$$

选配钢筋 8ϕ20（$A_s=2513\text{mm}^2$），箍筋选用 ϕ6@250。

【例题 6-2】

某现浇框架结构底层中柱，计算长度 $l_0=4.2\text{m}$，截面尺寸为 300mm×300mm，柱内配有 4$\bigoplus$16 纵筋（$f_y'=300\text{N/mm}^2$），混凝土强度等级为 C30（$f_c=14.3\text{N/mm}^2$），环境类别为一类。柱承载轴心压力设计值 $N=900\text{kN}$，试核算该柱是否安全。

【解】

（1）求 φ

则 $\dfrac{l_0}{b}=\dfrac{4200}{300}=14.0$，由表得 $\varphi=0.92$。

（2）求 N_u

$$N_u=0.9\varphi(f_cA+f_y'A_s')=0.9\times0.92(14.3\times300\times300+300\times804)$$
$$=1265\text{kN}>900\text{kN}$$

故满足条件。

【例题 6-3】

钢筋混凝土轴心受压柱，截面尺寸 $b\times h=300\times300\text{mm}$，采用 4$\bigoplus$20 的 HRB335 级（$f_y'=300\text{N/mm}^2$）钢筋，混凝土 C25（$f_c=9.6\text{N/mm}^2$），$l_0=4.5\text{m}$，承受轴向力设计值 800kN，试校核此柱是否安全。

【解】

查表得 $f_y'=300\text{N/mm}^2$，$f_c=11.9\text{N/mm}^2$，$A_s=1256\text{mm}^2$。

（1）确定稳定系数

$l_0/b=4500/300=15$，由表得 $\varphi=0.911$。

（2）确定柱截面承载力

$$N\leqslant N_u=0.9\varphi(f_cA+f_y'A_s')$$
$$=0.9\times0.911\times(11.9\times300\times300+300\times1256)$$
$$=1187.05\times10^3\text{N}=1187.05\text{kN}>N=800\text{kN}$$

此柱截面安全。

3. 偏心受压构件的破坏特征

由于轴向力的偏心距和配筋情况的不同，偏心受压构件的破坏可分为受拉破坏和受压破坏两种情况。

（1）受拉破坏（大偏心破坏）

偏心距较大，且 A_s 配置不太多，构件发生受拉破坏（图 6-7）。其特坏特点是远侧受拉钢筋先屈服，然后受压混凝土达到极限压应变被压碎从而导致构件破坏，此时，受压钢筋也达到屈服强度，受拉破坏有明显的预兆，属于延性破坏。

（2）受压破坏（小偏心破坏）

偏心距较小，或者偏心距较大但配置的受拉钢筋过多时，将发生受压破坏（图 6-8）。其特坏特点是构件截面压应力较大一侧混凝土达到极限压应变而被压碎，构件截面压应力较大一侧的纵向钢筋应力也达到了屈服强度，而另一侧混凝土及纵向钢筋可能受拉也可能受压，但应力较小，均未达到屈服强度。受压破坏没有明显的预兆，属于脆性破坏。

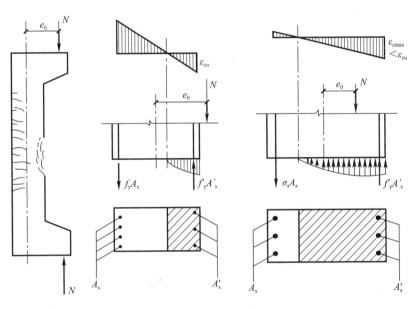

图 6-7　大偏心受压构件受力图　　　　图 6-8　小偏心受压构件受力图

（3）受拉破坏与受压破坏的界限

受拉破坏与受弯构件正截面适筋破坏类似，而受压破坏与正截面超筋破坏类似。故受拉破坏与受压破坏也用相对界限受压区高度 ξ_b 作为界限，即：当 $\xi \leqslant \xi_b$ 时属于大偏心受压破坏；当 $\xi > \xi_b$ 时属于小偏心受压破坏。

【拓展提高】

1. 矩形截面大偏心受压构件正截面承载力计算基本公式

大偏心计算简图如图 6-9 所示。由静力平衡条件可得出大偏心受压的基本公式：

$$N = \alpha_1 f_c bx + f'_y A'_s - f_y A_s \tag{6-2}$$

$$Ne = \alpha_1 f_c bx \left(h_0 - \frac{x}{2}\right) + f'_y A'_s (h_0 - a'_s) \tag{6-3}$$

$$e = e_i + h/2 - a_s \tag{6-4}$$

$$e_i = e_0 + e_a \tag{6-5}$$

式中　e——轴向压力作用点至受拉钢筋合力点之间的距离；

　　　e_i——初始偏心距；

　　　e_a——附加偏心距，$e_a = \max(20\mathrm{mm}, h/30)$；

　　　e_0——轴向压力对截面重心的偏心距，$e_0 = M/N$，当考虑二阶效应时，M 为考虑二阶效应影响后的弯矩设计值。

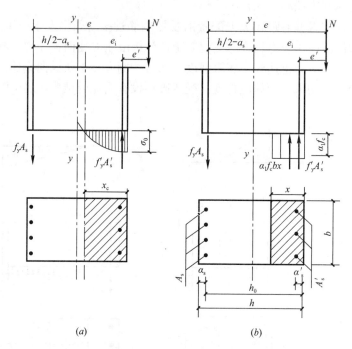

图 6-9　矩形截面大偏心受压破坏时的应力分布

（a）应力分布图；（b）等效矩形图

2. 矩形截面大偏心受压构件正截面承载力计算基本公式的适用条件

$$\xi \leqslant \xi_b \text{ 且 } x \leqslant 2a'_s \tag{6-6}$$

项目 4　框架结构工程结构设计

项目4 框架结构工程结构设计

【知识目标】

掌握框架结构设计步骤，了解结构计算内容及计算方法。

【能力目标】

能够通过规范查询各地区抗震设防烈度要求；能分析框架柱类型，独立估算框架梁、框架柱及楼板截面尺寸；针对项目中的任务要求进行梁式楼梯计算；掌握不同类型楼（屋）盖的特点。

【素质目标】

具有集体意识、良好的职业道德修养和与他人合作的态度，勇于创新的精神。

【任务介绍】

项目四的主要任务是对该办公楼进行一层结构设计。

【任务分析】

根据任务要求确定：（1）结构选型与布置；（2）结构基本尺寸估算及截面几何特征；（3）荷载计算；（4）荷载作用下框剪内力计算；（5）内力组合计算；（6）截面设计；（7）楼梯与楼板设计；（8）图纸绘制。

【知识链接】

建筑设计基本资料包括：

1. 总平面设计

拟建办公楼处主干道，坐北朝南，交通方便；同时有其他几栋已有建筑，形成建筑群；周围有一定的现代建筑物及商业区，考虑周围环境，与周围环境相协调，城市管网供水供电。建成后的住宅将有完善的配套设施、运动场所以及一定的绿化面积，满足建筑各项技术要求。

2. 平面设计

设计思路是从建筑功能上出发，从总体布局到局部的原则去把握整个设计。建筑平面是表示建筑物在水平方向各部分组合关系以及各部分房间的具体设计。

1）平面组合采用对称式组合，满足办公楼的设计要求，为双廊式办公楼，走廊的宽度为 2.1m。

防烟楼梯、电梯遵照《建筑设计防火规范（2018 年版）》GB 50016—2014 的要求，消防前室面积为 12.36m^2＞10m^2，满足要求。

2）交通组织及防火设计：本建筑总高度为 39.3m＜50m，建筑类别为二类高层建筑，每层的建筑面积小于 1500m^2。

耐火等级：高层建筑耐火等级为二类。

防火分区：根据规范二类建筑每个防火区的最大建筑面积为 1500m^2，满足要求。本设计将建筑在平面上将楼梯同走廊分开，用防火墙或防火门隔开，竖向上用钢筋混凝土楼板和防火门分隔。防火区设置疏散楼梯三部，设置防火门及楼梯前室，前室面积为 12.36m²＞6m²，满足要求，其他尺寸均满足防火要求，具体尺寸参照平面图。

3）柱网的布置：按照每间办公楼面积的布置以及走廊的宽度布置确定，横向框架柱距为 7.8m 和 6.6m，纵向框架柱距为 7.8m。柱网的布置做到了整齐划一、对称，有利于构件的统一化。

3. 剖面设计

剖面设计目的是确定建筑物竖向各空间的组合关系、空间的形状和尺寸、建筑层数等。

考虑结构的统一、功能的要求以及施工的方便，建筑标准层层高 3.9m，首层层高 4.2m，室内外高差为 0.6m，电梯机房的空间高度及其相对高程应根据所选电梯型号的说明书确定，电梯机房高 3m。门窗的高度满足《高层建筑混凝土结构技术规程》JGJ 3—2010 的要求，门的高度均为 2.1m，窗台的高度取 0.9m。

4. 立面设计

立面设计目的是在紧密结合平面、剖面的内部空间组合、外部环境及在满足建筑使用要求和技术经济条件下，运用建筑造型和立面构图的规律进行的。

5. 建筑构造设计

建筑构造设计是建筑设计的重要组成部分，是建筑平、立、剖设计的继续和深入，也是结构设计和建筑施工的重要依据。

外墙：高层建筑结构多为框架和剪力墙承重，外墙只起围护的作用。各种轻质砌块（290mm 厚水泥空心砖）的作用：轻质、保温、隔热。外侧水刷石墙面的作用：为避免墙体受水，影响墙体隔热、保温性能。

内墙：（除剪力墙外）根据使用要求，楼梯间、防烟前室、电梯间墙应有足够的防火性能，初选：190mm 厚粉煤灰轻渣空心砌块；轻质内隔墙：蒸压粉煤灰加气混凝土砌块（100mm）。

高层建筑女儿墙一般较高（1.2m），为了保证其稳定，需在上端设钢筋混凝土压顶梁且主体结构的柱子伸到女儿墙内，以保证有可靠的拉结，增强结构的整体性和抗震性能。

楼梯的设计要满足《建筑设计防火规范（2018 年版）》GB 50016—2014 的要求，采用 $b×h=260mm×162.5mm$。楼梯的宽度、平台梁的跨度也满足要求。

单元 7 抗震设计基础知识

【知识链接】

《建筑抗震设计规范（2016 年版）》GB 50011—2010 节选：

1 总则

1.0.1 为贯彻执行国家有关建筑工程、防震减灾的法律法规并实行以预防为主的方针，使建筑经抗震设防后，减轻建筑的地震破坏，避免人员伤亡，减少经济损失，制定本规范。

1.0.2 抗震设防烈度为 6 度及以上地区的建筑，必须进行抗震设计。

1.0.4 抗震设防烈度必须按国家规定的权限审批、颁发的文件（图件）确定。

1.0.5 一般情况下，建筑的抗震设防烈度应采用根据中国地震动参数区划图确定的地震基本烈度（本规范设计基本地震加速度值所对应的烈度值）。

1.0.6 建筑的抗震设计，除应符合本规范要求外，尚应符合国家现行有关标准的规定。

2.2 主要符号

2.2.1 作用和作用效应

F_{Ek}、F_{Evk}——结构总水平、竖向地震作用标准值；

G_E、G_{eq}——地震时结构（构件）的重力荷载代表值、等效总重力荷载代表值；

w_k——风荷载标准值；

S_E——地震作用效应（弯矩、轴向力、剪力、应力和变形）；

S——地震作用效应与其他荷载效应的基本组合；

S_k——作用、荷载标准值的效应；

M——弯矩；

N——轴向压力；

V——剪力。

1. 地震成因与类型

（1）地震成因与类型

地震按形成的原因可分为诱发地震和自然地震，诱发地震是指由于水库水或深井注水等引起的地震。自然地震又可分为：构造地震、火山地震和陷落地震。构造地震是指由于地壳运动，推挤地壳岩层使其薄弱部位发生断裂面引起的地震，构造地震破坏性大，影响范围广；火山地震是指由于火山爆发，岩浆烈冲出地面面引起的地震，这类地震在我国很少见；陷落地震是指由于地表或地下岩层突然大规模陷落或崩塌而造成的地震，这类地震的震级很小，造成的破坏也很小。对房屋采取的抗震设计主要是抵抗构造地震，因此本单元主要阐述构造地震的相关抗震知识。

地球内部断层错动并引起周围介质振动的部位称为震源。震源正上方的地面位置叫震

中，地面某处至震中的水平距离叫做震中距
（图 7-1）。震源到地面的垂直距离叫震源深
度，根据震源深度可分为浅源地震（$A \leqslant$
60m）、中源地震（$A = 60 \sim 300$km）和深源
地震（$A > 300$km）。

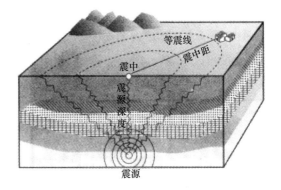

图 7-1 地震示意图

（2）震级

地震震级是表示地震大小的一种度量，
与震源释放的能量大小有关，其数值是以地
震仪测定的每次地震活动释放的能量多少来
确定的。中国目前使用的震级标准，是国际
上通用的里氏分级表，共分 9 个等级，在实际测量中，震级则是根据地震仪对地震波所作
的记录计算出来的。地震愈大，震级的数字也愈大，震级每差一级，通过地震被释放的能
量约差 32 倍。

（3）烈度

地震烈度是指某一区域内的地表和各类建筑物受一次地震影响的平均强弱程度。世界
上多数国家采用的是 12 个等级划分的烈度表。

Ⅰ度：无感，仅仪器能记录到；

Ⅱ度：微有感——个别敏感的人在完全静止中有感；

Ⅲ度：少有感——室内少数人在静止中有感，悬挂物轻微摆动；

Ⅳ度：多有感——室内大多数人、室外少数人有感，悬挂物摆动，不稳器皿作响；

Ⅴ度：惊醒——室外大多数人有感，家畜不宁，门窗作响，墙壁表面出现裂纹；

Ⅵ度：惊慌——人站立不稳，家畜外逃，器皿翻落，简陋棚舍损坏，陡坎滑坡；

Ⅶ度：房屋损坏——房屋轻微损坏，牌坊、烟囱损坏，地表出现裂缝及喷沙冒水；

Ⅷ度：建筑物破坏——房屋多有损坏，少数破坏，路基塌方，地下管道破裂；

Ⅸ度：建筑物普遍破坏——房屋大多数破坏，少数倾倒，牌坊、烟囱等崩塌，铁轨
弯曲；

Ⅹ度：建筑物普遍摧毁——房屋倾倒，道路毁坏，山石大量崩塌，水面大浪扑岸；

Ⅺ度：毁灭——房屋大量倒塌，路基堤岸大段崩毁，地表产生很大变化；

Ⅻ度：山川易景——一切建筑物普遍毁坏，地形剧烈变化，动植物遭毁灭。

地震烈度是地震对地面建筑的破坏程度。一个地区的烈度不仅与地震的释放能量（即
震级）、震源深度、距离震中的远近有关（图 7-1），一般来说，距离震中近，地震烈度就
高；距离震中越远，地震烈度也越低。此外还与地震波传播途径中的工程地质条件和工程
建筑物的特性有关。

同一次地震的震级只有一个，但是对不同位置的地面建筑破坏程度是不一样的，也就
是对不同位置的烈度是不一样的。

2. 抗震设计简介

（1）设防烈度

按国家规定的权限批准作为一个地区抗震设防的地震烈度称为抗震设防烈度。一般情
况下，取 50 年内超过概率 10% 的地震烈度。但还须根据建筑物所在城市的大小，建筑物

的类别、高度以及当地的抗震设防小区规划进行确定。

我国的设防烈度有 6 度、7 度、8 度、9 度四类，具体数值可查《建筑抗震设计规范（2016 年版）》GB 50011—2010 附录 A。

（2）抗震设防分类

建筑抗震设防类别划分，应根据下列因素的综合分析确定：

1）建筑破坏造成的人员伤亡、直接和间接经济损失及社会影响的大小。

2）城镇的大小、行业的特点、工矿企业的规模。

3）建筑使用功能失效后，对全局的影响范围大小、抗震救灾影响及恢复的难易程度。

4）建筑各区段的重要性有显著不同时，可按区段划分抗震设防类别。下部区段的类别不应低于上部区段。

5）不同行业的相同建筑，当所处地位及地震破坏所产生的后果和影响不同时，其抗震设防类别可不相同。

《建筑工程抗震设防分类标准》GB 50223—2008 中按照使用功能的重要性将建筑工程分为以下四个抗震设防类别：

1）特殊设防类：指使用上有特殊设施，涉及国家公共安全的重大建筑工程和地震时可能发生严重次生灾害等特别重大灾害后果，需要进行特殊设防的建筑，简称甲类。

2）重点设防类：指地震时使用功能不能中断或需尽快恢复的生命线相关建筑，以及地震时可能导致大量人员伤亡等重大灾害后果，需要提高设防标准的建筑，简称乙类。

3）标准设防类：指大量的除 1）、2）、4）款以外按标准要求进行设防的建筑，简称丙类。

4）适度设防类：指使用上人员稀少且震损不致产生次生灾害，允许在一定条件下适度降低要求的建筑，简称丁类。

（3）抗震设防标准

抗震设防标准与一个国家的科学水平和经济条件密切相关。我国目前实行抗震设防依据的"双轨制"，即采用设防烈度（一般情况下用基本烈度）或设计地震参数（如地面运动加速度峰值等）。

甲类建筑：地震作用应高于本地区抗震设防烈度的要求，其值应按批准的地震安全性评价结果确定；抗震措施，当抗震设防烈度为 6～8 度时，应符合本地区抗震设防烈度提高一度的要求，当为 9 度时，应符合比 9 度抗震设防更高的要求。

乙类建筑：地震作用应符合本地区抗震设防烈度的要求；抗震措施，一般情况下，当抗震设防烈度为 6～8 度时，应符合本地区抗震设防烈度提高一度的要求，当为 9 度时，应符合比 9 度抗震设防更高的要求。对较小的乙类建筑，当其结构改用抗震性能较好的结构类型时，应允许仍按本地区抗震设防烈度的要求采取抗震措施。

丙类建筑：地震作用和抗震措施均应符合本地区抗震设防烈度的要求。

丁类建筑：一般情况下，地震作用仍应符合本地区抗震设防烈度的要求；抗震措施应允许比本地区抗震设防烈度的要求适当降低，但抗震设防烈度为 6 度时不应降低。

（4）抗震设防目标

我国的抗震设防目标是"小震不坏、中震可修、大震不倒"。

按《建筑抗震设计规范（2016 年版）》GB 50011—2010 进行抗震设计的建筑，其基本的抗震设防目标是：当遭受低于本地区抗震设防烈度的多遇地震影响时，主体结构不受损坏或不需修理可继续使用；当遭受相当于本地区抗震设防烈度的设防地震影响时，可能发生损坏，但经一般性修理仍可继续使用；当遭受高于本地区抗震设防烈度的罕遇地震影响时，不致倒塌或发生危及生命的严重破坏。使用功能或其他方面有专门要求的建筑，当采用抗震性能化设计时，具有更具体或更高的抗震设防目标。

（5）抗震等级

抗震等级是设计部门依据国家有关规定，按"建筑物重要性分类与设防标准"，根据烈度、结构类型和房屋高度等，而采用不同抗震等级进行的具体设计。以钢筋混凝土框架结构为例，抗震等级划分为一级～四级，以表示其很严重、严重、较严重及一般的四个级别。

【例题 7-1】

如果项目背景中的建筑物建造地点为"山西晋城"，则请根据《建筑抗震设计规范》GB 50011—2010 查找出该项目的抗震设防要求。

【解】

结构设计基本资料：

1. 高度与面积

总面积约 11812.32m²，总建筑高度为 39.9m，共 10 层，标准层层高 3.9m，首层层高 4.2m，室内外高差为 0.6m。

2. 地质条件（请根据建造地点，规范获得）

雨雪条件：基本风压为＿＿＿＿＿＿＿＿，基本雪压＿＿＿＿＿＿＿＿。

地震条件：＿＿＿＿＿＿＿＿＿＿＿＿＿＿＿＿＿＿＿＿＿＿＿＿＿＿＿＿＿＿。

3. 材料选用

混凝土：全部采用 C35。

钢筋：纵向受力钢筋采用热轧 HRB400，其余采用热轧钢筋 HPB300。

墙体：外墙采用 300mm 厚墙、隔墙采用 200mm 墙。

门、窗：塑钢窗、木门、防火门。

4. 结构选型与布置

（1）结构选型

经过对该建筑的建筑高度、建筑造型、抗震要求等因素综合考虑后，采用钢筋混凝土框架-剪力墙结构（楼梯间与电梯间部分为剪力墙结构）。

（2）结构布置

采用钢筋混凝土现浇框架-剪力墙结构，平面布置如图 7-2 所示。

1）屋面结构：采用现浇钢筋混凝土肋形屋盖，刚性屋面。

2）楼面结构：全部采用现浇钢筋混凝土肋形楼板。

3）楼梯结构：采用现浇钢筋混凝土板式楼梯。

4）电梯间：采用剪力墙结构。

5）结构布置：柱采用标准柱网，大开间布置，满足办公楼功能及其布置。

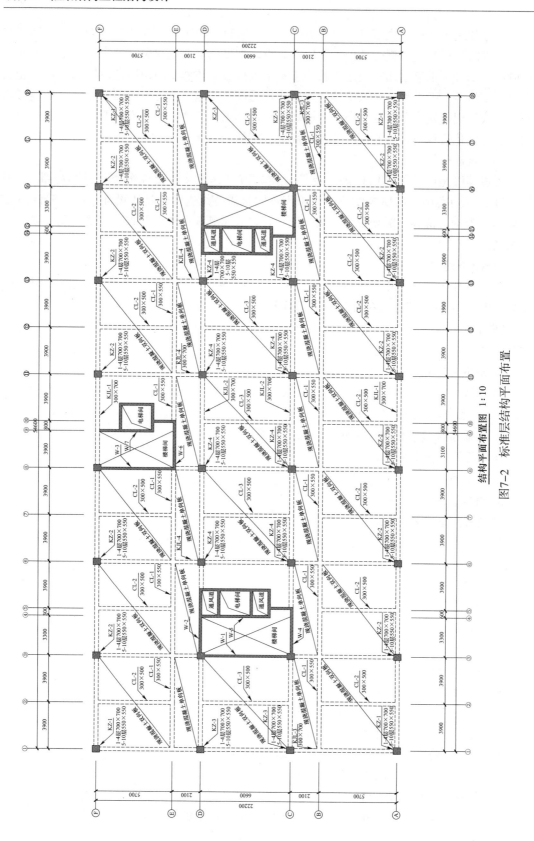

结构平面布置图 1:10

图7-2 标准层结构平面布置

单元 8 钢筋混凝土框架结构梁、板、柱的截面尺寸选择

1. 梁的一般构造要求有：截面形式、截面尺寸、梁的配筋

截面形式：常用截面形式有矩形和 T 形，还有花篮形、十字形、倒 T 形、倒 L 形等。

截面尺寸：截面高度 h 可按高跨比 $h/l = 1/8 \sim 1/12$ 取用，常用梁高为 250mm、300mm、…、750mm、800mm、900mm 等；截面宽度 b 可取矩形截面 $h/b = 2.0 \sim 2.5$，T 形截面 $h/b = 2.5 \sim 4.0$，常用梁宽为 150mm、180mm、200mm 等，如 $b > 200$mm，应取 50mm 的倍数。

梁的配筋（图 8-1）：梁内一般配置纵向受力钢筋（也称主筋）、架立筋、箍筋、弯起钢筋、侧向构造钢筋等钢筋。纵筋常用直径为 $10 \sim 25$mm。当梁高 $h \geq 300$mm 时，$d \geq 10$mm；当梁高 $h < 300$mm 时，$d \geq 8$mm。钢筋间距为了便于浇筑混凝土，保证混凝土有良好的密实性，对采用绑扎骨架的钢筋混凝土梁，纵向钢筋的净间距应满足图 8-2 的要求。当截面下部纵向钢筋配置多于两排时，上排钢筋水平方向的中距应比下面两排的中距增大一倍。箍筋的直径；当梁截面高度 $h \leq 800$mm 时不宜小于 6mm；$h > 800$mm 时不宜小于 8mm。《混凝土结构设计规范》GB 50010—2010 规定，当梁的腹板高度 $h_w \geq 450$mm 时，在梁的两个侧面应沿高度配置纵向构造钢筋。

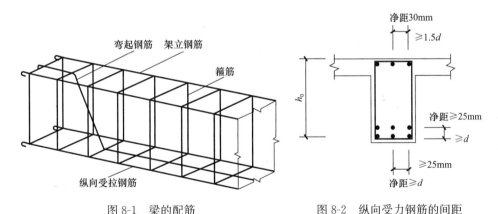

图 8-1 梁的配筋   图 8-2 纵向受力钢筋的间距

2. 板的一般构造要求有：板的厚度、板的配筋

板的厚度：板截面厚度 h 与板的跨度及其所受荷载有关。从刚度要求出发，根据设计经验：单跨简支板的最小厚度不小于 1/35，多跨连续板的最小厚度不小于 1/40，悬臂板最小厚度不小于 1/12。对现浇单向板最小厚度：屋面板不小于 60mm；民用建筑楼盖不小于 60mm；工业建筑楼盖不小于 70mm，双向板不小于 80mm。板厚度以 10mm 为模数。

板的配筋（图 8-3）：板中配置受力钢筋和分布钢筋。钢筋直径通常采用 6mm、8mm、10mm。当钢筋采用绑扎施工方法，板的受力钢筋间距一般取为 $70 \sim 200$mm；当板厚 $h \leq$

150mm 时，不宜大于 200mm；$h>150mm$ 时，不宜大于 $1.5h$，且不宜大于 250mm，板中受力钢筋间距亦不宜小于 70mm；板中下部纵向受力钢筋伸入支座的锚固长度 l_{as} 不应小于 $5d$（d 为下部纵向受力钢筋直径）。

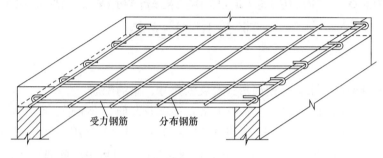

图 8-3 梁的配筋

混凝土保护层（c）：结构构件中钢筋外边缘至构件表面范围用于保护钢筋的混凝土，简称保护层。混凝土的保护层最小厚度应符合表 8-1 的规定。

混凝土保护层的最小厚度 c（mm） 表 8-1

环境等级	板、墙、壳	梁、柱、杆
一	15	20
二 a	20	25
二 b	25	35
三 a	30	40
三 b	40	50

注：1. 混凝土强度等级不大于 C25 时，表中保护层数值应增加 5mm；
2. 钢筋混凝土基础宜设置混凝土垫层，基础中钢筋的混凝土保护层厚度应从垫层顶面算起，且不应小于 40mm。

截面有效高度（h_0）：受力钢筋的重心至截面混凝土受压区边缘的垂直距离，它与受拉钢筋的直径及排数有关，取值见表 8-2。

一类环境下 h_0 取值表（mm） 表 8-2

构件种类	纵向受拉钢筋排数	混凝土强度等级	
		≤C20	≥C25
梁	一排	40	35
	两排	65	60
板	一排	25	20

3. 柱截面形式及尺寸要求

钢筋混凝土受压构件的截面形式要考虑到受力合理和模板制作的方便，钢筋混凝土受压构件通常采用矩形或方形截面。一般轴心受压柱以方形为主，偏心受压柱以矩形为主。有特殊要求时，轴心受压柱可采用圆形、多边形等，偏心受压柱还可采用 I 形、T 形等。

柱截面尺寸不宜过小，一般应符合 $l_0/b\leqslant30$ 及 $l_0/h\leqslant25$，此处 l_0 为柱的计算长度，h 为截面的长边尺寸，b 为截面的短边尺寸，且一般不宜小于 $250mm\times250mm$。为了便于模板尺寸模数化，边长不大于 800mm 时，以 50mm 为模数；边长大于 800mm 时，以

100mm 为模数。

【例题 8-1】

1. 根据项目背景进行框架柱的截面尺寸估算

（1）中柱

由山西晋城地震烈度为 7 度、框剪结构、结构总高度为 39.3m＜60m。查得抗震等级：框架三级、剪力墙二级。据此查规范得：

$$\mu_N = 0.95, \quad q_k = 12 \sim 14kN/m^2 = 12kN/m^2$$

1）首层中柱

楼层数为 $N=10$，取 $\alpha=1.0$，$f_c=16.7kN/mm^2$，$\bar{\gamma}=1.25$

按最大负荷面积：$A=7.8\times7.2=56.16m^2$

则柱估算的面积为：

$$A_c = \alpha \cdot \bar{\gamma} \cdot q_k \cdot A \cdot n / \mu_N f_c = \frac{1.0\times1.25\times12\times56.16\times10}{0.95\times16.7} = 0.531m^2$$

$$\sqrt{a^2} = 0.728m$$

取：$b\times h=700mm\times700mm$

2）第五层中柱

$$A_c = \alpha \cdot \bar{\gamma} \cdot q_k \cdot A \cdot n / \mu_N f_c = \frac{1.0\times1.25\times12\times56.18\times6}{0.95\times16.7} = 0.319m^2$$

$$\sqrt{a^2} = 0.564m$$

取：$b\times h=550mm\times550mm$

（2）边柱

边柱受荷面积比中柱小，且考虑施工方便，取同层柱截面相同。

根据中柱的计算结果，推导出边柱的截面尺寸：

1～4 层：＿＿＿＿＿＿＿＿＿

5～10 层：＿＿＿＿＿＿＿＿＿

2. 根据项目背景进行框架梁的截面尺寸估算

（1）横向、纵向框架梁，由于纵横向框架梁跨度相同，故取相同截面按经验公式估算：

最大计算跨度：$l_0=7.8m$

梁截面高度：

$$h = \left(\frac{1}{12}\sim\frac{1}{10}\right)l_0 = \left(\frac{1}{12}\sim\frac{1}{10}\right)\times7.8 = 650\sim780mm, \quad h=700mm$$

梁宽度：

$$b = \left(\frac{1}{4}\sim\frac{1}{2}\right)h_b = \left(\frac{1}{4}\sim\frac{1}{2}\right)\times700 = 175\sim350mm, \quad b=700mm$$

取：$b\times h=300mm\times700mm$

（2）次梁截面估算

纵向次梁：跨度 $l_0=7.8m$

梁截面高度（h）：（请写出计算过程）

梁宽（b）：取同主梁同宽 $b=300$mm

所以，取：$b \times h=300$mm$\times 550$mm

横向次梁：最大跨度 $l_0=6.6$m，截面尺寸 $b \times h=300$mm$\times 500$mm

根据上述主梁、横向次梁、纵向次梁估算，得到截面尺寸：

主梁截面尺寸：＿＿＿＿＿＿＿＿＿＿＿＿＿＿＿＿＿＿＿＿＿

横向次梁截面尺寸：＿＿＿＿＿＿＿＿＿＿＿＿＿＿＿＿＿＿

纵向次梁截面尺寸：＿＿＿＿＿＿＿＿＿＿＿＿＿＿＿＿＿＿

【拓展提高】

结构设计部分：根据建筑物各部分所受荷载大小，主要解决建筑物各部位的受力情况、构造做法等，例如各层现浇楼板的混凝土等级、配筋情况；现浇柱、主梁、次梁、过梁的宽度、高度、配筋情况；现浇楼梯的做法、配筋情况；以及梁柱节点、墙梁节点、楼梯的细部的配筋情况、构造做法等。具体分为以下几个方面：

1. 重力荷载、风荷载、水平地震作用计算及荷载效应组合；

2. 结构等效刚度计算及位移验算；

3. 结构内力计算及内力组合；

4. 梁、板、柱配筋计算；

5. 抗震设计；

6. 基础类型选择；

7. 防火设计；

8. 结构主体承载力验算；

9. 细部构造措施。

单元 9　楼（屋）盖及楼梯设计

任务 1　楼（屋）盖设计

　　屋盖和楼盖是建筑结构的重要组成部分，一方面承担各种竖向荷载，将其传给承重墙体；另一方面利用钢筋混凝土板的平面刚度，将不同的承重墙体连接成整体，共同承受水平荷载，形成整体工作的空间受力结构。同时，混凝土楼盖设计对于建筑物隔热、隔声和建筑效果有直接的影响。

　　钢筋混凝土楼盖按其施工方式可分为：现浇整体式、装配式、装配整体式三种类型。

　　（1）现浇整体式楼（屋）盖常用于对抗震、防渗要求较高以及平面形状复杂的建筑，主要优点：刚度大、整体性好、抗震抗冲击性能好、防水性好、结构布置灵活；但是，由于混凝土的凝结硬化时间长，所以施工速度慢，工期较长，而且耗费模板多，受施工季节影响大。按照结构形式，楼盖可分为肋梁楼盖、井式楼盖、密肋楼盖和无梁楼盖。

　　（2）装配式钢筋混凝土楼板是在工厂或现场预制好的楼板，然后人工或机械吊装到房屋上经坐浆灌缝而成。此做法可节省模板，改善劳动条件，提高效率，缩短工期，促进工业化水平。但预制楼板的整体性不好，灵活性也不如现浇板，更不宜在楼板上穿洞。

　　（3）装配整体式楼板（叠合楼板）是由预制板和现浇钢筋混凝土层叠合而成的。预制板既是楼板结构的组成部分之一，又是现浇钢筋混凝土叠合层的永久性模板，现浇叠合层内可敷设水平设备管线。叠合楼板不仅整体性好，刚度大，可节省模板，而且板的上下表面平整，便于饰面层装修，适用于对整体刚度要求较高的高层建筑和大开间建筑。

1. 现浇整体式肋形楼盖

　　肋形楼盖，也称肋形楼板。由梁、板组成的现浇楼盖通常称为肋梁楼盖。用梁将楼板分成多个区域，从而形成整浇的连续板和连续梁，梁可以看成是突出板的肋（图 9-1）。一

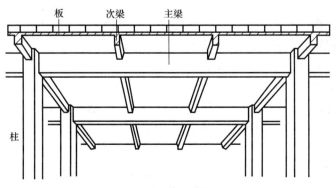

图 9-1　肋梁楼板

般是楼板支承在次梁上，次梁支承在主梁上，主梁支承在柱子上或砖墙上。也可以不分主梁和次梁，板支承在梁上，梁支承在砖墙上。

楼板一般是四边支承，根据其受力特点和支承情况，又可分为单向板和双向板。在板的受力和传力过程中，板的长边尺寸 L_2 与短边尺寸 L_1 的比值大小，决定了板的受力情况。《混凝土结构设计规范》GB 50010—2010 第 9.1.1 条规定：沿两对边支承的板应按单向板计算；对于四边支承的板，当长边与短边比值大于 3 时，可按沿短边方向的单向板计算，但应沿长边方向布置足够数量的构造钢筋；当长边与短边比值介于 2～3 之间时，宜按双向板计算；当长边与短边比值小于 2 时，应按双向板计算。

2. 板的构造要求

（1）板的厚度

板的厚度应由设计计算确定，即应满足承载力、刚度和裂缝控制的要求。为保证刚度，单向板板厚取不小于跨度的 1/30。此外，板的厚度还应满足构造方面的最小厚度要求，一楼屋面板厚不小于 60mm，工业建筑楼面板厚不小于 70mm。

（2）受力钢筋

1）板中受力钢筋直径：由计算确定的受力钢筋分为承受正弯矩的底部钢筋和承受负弯矩的板面钢筋两种。常用的钢筋直径为 6mm、8mm、10mm、12mm 等。采用 HPB300 级钢筋时，端部采用半圆弯钩，负弯矩钢筋端部应做成直钩支撑在底模上。为了施工中不易被踩塌，负弯矩钢筋直径一般不小于 8mm。

2）受力钢筋的间距：板中受力钢筋的间距，当板厚不大于 150mm 时，不宜大于 200mm；当板厚大于 150mm 时，不宜大于板厚的 1.5 倍，且不宜大于 250mm。伸入支座的钢筋，其间距不应大于 400m，且截面积不得小于受力钢筋的 1/3，钢筋间距也不宜小于 70mm。在梁支座处或连续板端支座及中间支座处下部正钢筋伸入支座的长度不应小于 5d。为了施工方便，选择板中正、负弯矩钢筋时，一般使它们的间距相同，直径不宜多于两种。

3）受力钢筋的配筋形式：有分离式配筋和弯起式配筋两种，如图 9-2 所示。分离式配筋对于设计时选择钢筋和施工备料都较简便，但其锚固稍差，耗钢量略高，适用于不受震的楼板；而弯起式配筋形式较复杂，但其整体性能好，适用于受震动的楼板。弯起式配筋般采用"隔一弯一"的形式，弯起角度一般为 30°，当板厚≥120mm 时，可采用 45°。弯起式配筋的钢筋锚固较好，可节省材料，但施工较复杂。

3. 分布钢筋

构造钢筋：在垂直于受力钢筋方向布置的分布钢筋，放在受力筋的内侧。其作用是：与受力钢筋组成钢筋网，便于在施工中固定受力筋位置；有助于将板上作用的集中荷载分散在较大面积上，使更多的受力筋参与工作，避免局部受力钢筋应力集中；抵抗由于温度变化或混凝土收缩引起的内力。分布钢筋的截面面积不宜小于单位宽度上受力钢筋截面面积的 15%，且不小于该方向板截面面积的 0.15%。分布钢筋直径不宜小于 6mm，间距不宜大于 250mm。在集中荷载较大时，分布钢筋间距不宜大于 200mm。

【拓展提高】

参照结构布置图将楼板编号。对于本设计按规范要求当板比例：$1 \leqslant l_y/l_x < 2.5$ 时，按双向板计算；$l_y/l_x > 2.5$ 时，按单向板计算。

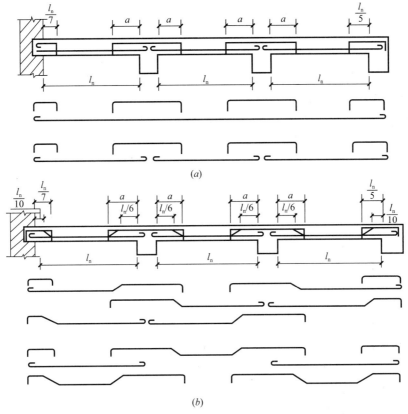

图 9-2　受力钢筋的配筋形式

（a）分离式；（b）弯起式

考虑内力重分布因素，一般的楼板可采用塑性方法计算，计算方法是在弹性方法的基础上给予调整（与梁调幅原理相同），对于有防水要求及对裂缝宽度控制较严等情况（参照《混凝土结构设计规范》GB 50010—2010），板要采用弹性方法。

对于本设计，为了简化计算，全部采用弹性方法计算。

1. 楼面

楼面活荷载：

$$\begin{cases} q_k = 2.0\text{kN/m}^2 \\ q = 1.4 \times 2.0 = 2.80\text{kN/m}^2 \end{cases}$$

楼面恒荷载：

$$\begin{cases} g_k = 3.77\text{kN/m}^2 \\ g = 1.2 \times 3.77 = 4.52\text{kN/m}^2 \end{cases}$$

2. 屋面

屋面活荷载：

$$\begin{cases} q_k = 2.0\text{kN/m}^2 \\ q = 1.4 \times 2.0 = 2.80\text{kN/m}^2 \end{cases}$$

屋面恒荷载：

$$\begin{cases} g_k = 6.1\text{kN/m}^2 \\ g = 1.2 \times 5.5 = 7.32\text{kN/m}^2 \end{cases}$$

材料选用：混凝土 C35（$f_c = 15.7\text{N/mm}^2$，$f_t = 1.57\text{N/mm}^2$）

钢筋：采用 HPB235 级（$f_y = 210\text{N/mm}^2$）

3. 双向板弯矩计算及配筋

双向板的计算方法采用弹性计算方法，以楼面板 XJB-2 为例说明计算方法。XJB-2 跨内最大弯矩由 $g+q/2$ 作用下实际边（两邻边简支、两邻边固定）的跨中弯矩与 $q/2$ 作用下四边简支板的跨中弯矩之和计算求得；支座最大负弯矩则为 $g+q$ 作用下实际边（四边固定）的支座弯矩。

计算过程：

计算跨度：$L_x = 3900\text{mm}$；$L_y = 5700\text{mm}$

板厚：$h = 120\text{mm}$

最小配筋率：$\rho = 0.336\%$

永久荷载标准值：$q_{gk} = 4.520\text{kN/m}^2$

可变荷载标准值：$q_{qk} = 2.800\text{kN/m}^2$

计算板的跨度：$L_0 = 3900\text{mm}$

计算板的有效高度：$h_0 = h - a_s = 120 - 30 = 90\text{mm}$

$l_x/l_y = 3900/5700 = 0.684 < 2.000$ 所以按双向板计算（取 1m 板宽为计算单元）：

（1）X 向底板钢筋

$$\begin{aligned} M_x &= (\gamma_G q_{gk} + \gamma_G q_{qk})L_0^2 \\ &= (0.0329 + 0.0107 \times 0.200) \times (1.200 \times 4.520 + 1.400 \times 2.800) \times 3.9^2 \\ &= 4.975\text{kN} \cdot \text{m} \end{aligned}$$

$$\begin{aligned} a_s &= \gamma_0 M_x/(\alpha_1 f_c b h_0^2) \\ &= 1.00 \times 4.975 \times 10^6/(1.00 \times 16.7 \times 1000 \times 90 \times 90) = 0.037 \end{aligned}$$

$\xi = 0.037$

$$\begin{aligned} A_s &= \alpha_1 f_c b h_0 \xi/f_y \\ &= 1.000 \times 16.7 \times 1000 \times 900.037/210 = 268\text{mm}^2 \end{aligned}$$

$\rho = A_s/(bh) = 268/(1000 \times 120) = 0.224\%$

$\rho < \rho_{min} = 0.336\%$，不满足最小配筋要求。

所以，取面积为 $A_s = \rho_{min} \times b \times h = 0.336\% \times 1000 \times 120 = 403\text{mm}^2$

选择 $\phi 8@100$，实配面积 503mm^2。

（2）Y 向底板钢筋

$$\begin{aligned} M_y &= (\gamma_G q_{gk} + \gamma_G q_{qk})L_0^2 \\ &= (0.0107 + 0.0329 \times 0.200) \times (1.200 \times 4.520 + 1.400 \times 2.800) \times 3.9^2 \\ &= 2.459\text{kN} \cdot \text{m} \end{aligned}$$

$$\begin{aligned} a_s &= \gamma_0 M_x/(\alpha_1 f_c b h_0^2) \\ &= 1.00 \times 2.459 \times 10^6/(1.00 \times 16.7 \times 1000 \times 90 \times 90) = 0.018 \end{aligned}$$

$\xi = 0.018$

$A_s = \alpha_1 f_c b h_0 \xi/f_y = 1.0 \times 16.7 \times 1000 \times 90 \times 0.018/210 = 131\text{mm}^2$

$\rho=A_s/(bh)=131/(1000\times120)=0.109\%$

$\rho<\rho_{\min}=0.336\%$，不满足最小配筋要求。

所以，取面积为 $A_s=\rho_{\min}bh=0.336\%\times1000\times120=403\text{mm}^2$

选择 $\phi8@100$，实配面积 503mm^2。

任务2 楼梯设计

楼梯在建筑物中作为楼层间垂直交通通道，用于楼层之间和高差较大时的交通联系，是多层、高层建筑的重要组成部分。目前绝大多数多层、高层建筑均采用钢筋混凝土楼梯。高层建筑尽管采用电梯作为主要垂直交通工具，但仍然要保留楼梯供火灾时逃生之用。楼梯由连续梯级的梯段（又称梯跑）、平台（休息平台）和围护构件等组成。

楼梯按梯段可分为单跑楼梯、双跑楼梯和多跑楼梯。梯段的平面形状有直线的、折线的和曲线的。

单跑楼梯最为简单，适合于层高较低的建筑；双跑楼梯最为常见，有双跑直上、双跑曲折、双跑对折（平行）等，适用于一般民用建筑和工业建筑；三跑楼梯有三折式、丁字式、分合式等，多用于公共建筑；剪刀楼梯由一对方向相反的双跑平行梯组成，或由一对互相重叠而又不连通的单跑直上梯构成，剖面呈交叉的剪刀形，能同时通过较多的人流并节省空间；螺旋转梯是以扇形踏步支承在中立柱上，虽行走欠舒适，但节省空间，适用于人流较少，使用不频繁的场所；圆形、半圆形、弧形楼梯，由曲梁或曲板支承，踏步略呈扇形，花式多样，造型活泼，富于装饰性，适用于公共建筑。

楼梯构造按结构形式和受力特点楼梯形式可分为梁式（图9-3a）、板式（图9-3b）、剪刀（悬挑）式（图9-3c）和螺旋式（图9-3d），前两种属于平面受力体系，后两种则为空间受力体系。

板式楼梯是由梯段板、平台板和平台梁组成。梯段板是一块带踏步的斜板，斜板支承于上、下平台梁上，底层下端支承在地垄墙上。板式楼梯的优点是梯段板下表面平整，支模简单；缺点是梯段板跨度较大时，斜板厚度较大，结构材料用量较多。因此板式楼梯适用于可变荷载较小、梯段板跨度一般不大于3m的情况。板式楼梯的内力计算包括梯段板、平台板和平台梁的内力计算。如图9-4所示。

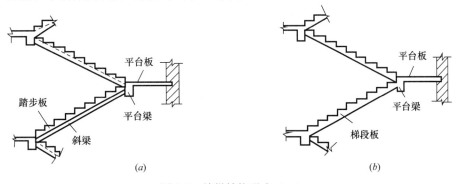

图9-3 楼梯结构形式（一）

(a) 梁式；(b) 板式

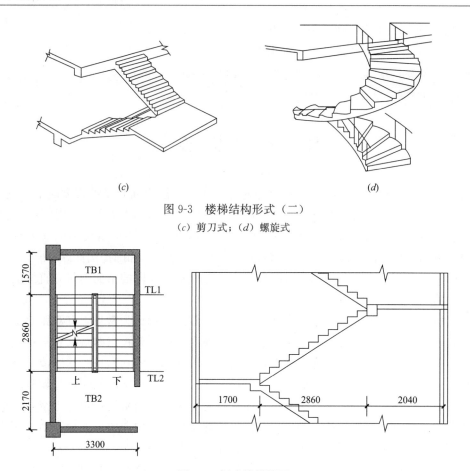

图 9-3　楼梯结构形式（二）

（c）剪刀式；（d）螺旋式

图 9-4　板式楼梯简图

梁式楼梯是带有斜梁的钢筋混凝土楼梯，它由踏步板、斜梁、平台梁和平台板组成。踏步板支承在斜梁上；斜梁和平台板支承在平台梁上；平台梁支承在承重墙或其他承重结构上。梁式楼梯一般适用于大中型楼梯。如图 9-5 所示。

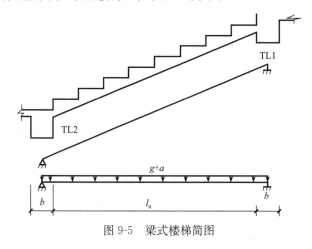

图 9-5　梁式楼梯简图

【拓展提高】

采用现浇楼梯，由于板跨度不大、活载较小，采用板式楼梯计算，简图如图 9-4 所示。

由于标准层层高相同，以第二层楼梯为设计对象。

1. 设计资料

材料选用：混凝土 C35

钢筋 $\begin{cases} d \leqslant 10\text{mm}，采用 \text{HPB300} 级钢筋 \\ d \geqslant 10\text{mm}，采用 \text{HRB335} 级钢筋 \end{cases}$

2. 梯段板计算

计算梯段板时取 1m 宽板作为计算单元，两端支承在平台梁上的梯段板内力计算时将其简化为简支斜板，再简化水平板计算，简图如图 9-4 所示。

确定板厚：$L_0 = 3300\text{mm}$，$h \geqslant \left(\dfrac{1}{25} \sim \dfrac{1}{30}\right)L_0 = (110 \sim 132)\text{mm}$，取 120mm。

3. 荷载计算（取 1m 板宽计算）

楼梯斜板倾斜角：$\alpha = \arctan\left(\dfrac{162.5}{260}\right) = 32°$，$\cos\alpha = 0.848$

恒荷载标准值（踏步重）： $\dfrac{1}{2} \times 0.28 \times 0.167 \times 25 \times \dfrac{1}{0.28} = 2.03\text{kN/m}$

耐磨砖面层： $(0.28 + 0.167) \times 0.6 \times \dfrac{1}{0.28} = 0.958\text{kN/m}$

斜板： $0.12 \times 25 \times \dfrac{1}{0.848} = 3.54\text{kN/m}$

板底抹灰： $0.255 \times \dfrac{1}{0.859} = 0.297\text{kN/m}$

恒载标准荷载组合值： $g_k = 6.83\text{kN/m}$

恒载设计值： $g_d = 1.2 \times 6.83 = 8.196\text{kN/m}$

活载设计值： $q_d = 1.4 \times 2.0 = 2.80\text{kN/m}$

总荷载设计值： $q = 8.196 + 2.8 = 10.996\text{kN/m}$

4. 内力计算

计算跨度：$L_0 = (2680 + 200) = 2880\text{mm}$

跨中弯矩：$M = \dfrac{1}{10}qL_0^2 = \dfrac{1}{10} \times 10.996 \times 2.88^2 = 9.12\text{kN} \cdot \text{m}$

5. 配筋计算

$h_0 = 120 - 25 = 95\text{mm}$

$\alpha_s = \dfrac{M}{\alpha_1 f_c b h_0^2} = \dfrac{9.12 \times 10^6}{1.0 \times 16.7 \times 1000 \times 95^2} = 0.06$

$\xi = 1 - \sqrt{1 - 2\alpha_s} = 1 - \sqrt{1 - 2 \times 0.06} = 0.062 < \xi_b = 0.550$

$A_s = \dfrac{\xi \alpha_1 f_c b h_0}{f_y} = \dfrac{0.062 \times 1.0 \times 16.7 \times 1000 \times 95}{210} = 468\text{mm}^2$

采用 $\phi 8@100$，$A_s = 503\text{mm}^2$

$\rho_1 = \dfrac{A_s}{bh} = \dfrac{503}{1000 \times 100} = 0.503\% > \rho_{\min} = \max\left(0.2\%，45\dfrac{f_t}{f_y}\right) = 0.306\%$

分布筋采用 $\phi 8@200$。

6. 梯段板计算

（1）TB1 计算

$l_x=1.47$m，$l_y=3.3$m，$l_y/l_x=2.24>2$，故按单向板计算。

由于跨度小，取板厚 80mm，$h_0=80-25=55$mm

考虑板板与梁现浇的影响，考虑弹性作用，则：$M_{max}=\dfrac{1}{8}(g+q)l_0^2$

$g=1.2\times3.4=4.08$kN/m　　$q=1.4\times2.0=2.8$kN/m

$M_{max}=\dfrac{1}{8}(g+q)l_0^2=\dfrac{1}{8}\times(4.08+2.8)\times1.47^2=1.86$kN·m

$h_0=80-25=55$mm

$\alpha_s=\dfrac{M}{\alpha_1 f_c b h_0^2}=\dfrac{1.86\times10^6}{1.0\times16.7\times1000\times55^2}=0.0368$

$\xi=1-\sqrt{1-2\alpha_s}=1-\sqrt{1-2\times0.0368}=0.0375<\xi_b=0.550$

$A_s=\dfrac{\xi\alpha_1 f_c b h_0}{f_y}=\dfrac{0.0375\times1.0\times16.7\times1000\times55}{210}=164$mm²$<A_{smin}=306$mm²

采用 $\phi8@160$，$A_s=314$mm²

分布筋取 $\phi8@200$。

（2）TB2 计算

分析为双向板，已经由板配筋中计算配筋结果参照板配筋步骤。

7. 梯段板计算

（1）中间平台梁 TL1 计算，分析梁为简支梁

计算跨度 $L_0=(2680+200)=2880$mm

初步确定：$h\geqslant L_0/12=240$mm，$h=300$mm，$b=260$mm

1）荷载计算

TB1 传来：$(4.08+2.8)\times\dfrac{1.57}{2}=5.40$kN/m

梯段传来：$10.996\times\dfrac{2.86}{2}=15.72$kN

梁自重：$1.2\times[(0.3-0.08)\times0.26\times25+2\times0.02\times17]=2.532$kN/m

梯段扶手传来：$P=5.4\times2.86/2=7.722$kN/m

总均布荷载：$q=5.5+2.532+7.722=15.654$kN/m

2）内力计算

跨中弯矩：$M=\dfrac{1}{8}qL_0^2+\dfrac{PL_0}{4}=\dfrac{1}{8}\times15.654\times2.88^2+\dfrac{7.722\times2.88}{4}=21.79$kN·m

倒 L 形截面按矩形截面计算配筋：

$h_0=300-35=265$mm

$\alpha_s=\dfrac{M}{\alpha_1 f_c b h_0^2}=\dfrac{21.79\times10^6}{1.0\times16.7\times260\times265^2}=0.071$

$\gamma_s=0.5(1+\sqrt{1-2\alpha_s})=0.5(1+\sqrt{1-2\times0.071})=0.963$

$A_s=\dfrac{M}{\gamma_s f_y h_0}=\dfrac{18.60\times10^6}{0.951\times210\times265}=406$mm²$>A_{smin}=306$mm²

实配选用 2 $\underline{\Phi}$ 16 ($A_s = 402\text{mm}^2$)

支座剪力：
$$V = \frac{1}{2} \times 15.654 \times 2.88 + \frac{1}{2} \times 7.722 = 26.40\text{kN}$$
$$0.7 f_t b h_0 = 0.7 \times 1.57 \times 260 \times 265 = 75.72\text{kN} > V$$

构造配筋，箍筋的最大间距为 200mm

$$\rho_{svmin} = 0.24 \frac{f_t}{f_{yv}} = 0.24 \frac{1.57}{210} = 0.179\%$$

选 $\phi 6@200$ 双肢箍，$\rho_{sv} = \frac{A_{sv}}{bs} = \frac{2 \times 50.3}{260 \times 200} = 0.193\% > 0.179\%$

（2）TL2 计算：截面尺寸同 TL1

1）荷载计算

TB2 传来：$(4.08 + 2.8) \times \frac{2.07}{2} = 7.12\text{kN/m}$

梯段传来：$10.996 \times \frac{2.86}{2} = 15.72\text{kN}$

梁自重：$1.2 \times [(0.3 - 0.08) \times 0.26 \times 25 + 2 \times 0.02 \times 17] = 2.532\text{kN/m}$

梯段扶手传来：$P = 5.4 \times 2.86/2 = 7.722\text{kN/m}$

总均布荷载：$q = 7.12 + 2.532 + 7.722 = 17.374\text{kN/m}$

2）内力计算

跨中弯矩：$M = \frac{1}{8} q L_0^2 + \frac{P L_0}{4} = \frac{1}{8} \times 17.374 \times 2.88^2 + \frac{7.722 \times 2.88}{4} = 23.57\text{kN} \cdot \text{m}$

倒 L 形截面按矩形截面计算配筋：

$h_0 = 300 - 35 = 265\text{mm}$

$$\alpha_s = \frac{M}{\alpha_1 f_c b h_0^2} = \frac{23.57 \times 10^6}{1.0 \times 16.7 \times 260 \times 265^2} = 0.077$$

$$\gamma_s = 0.5(1 + \sqrt{1 - 2\alpha_s}) = 0.5(1 + \sqrt{1 - 2 \times 0.077}) = 0.96$$

$$A_s = \frac{M}{\gamma_s f_y h_0} = \frac{23.57 \times 10^6}{0.96 \times 210 \times 265} = 414\text{mm}^2 > A_{smin} = 306\text{mm}^2$$

实配选用 2 $\underline{\Phi}$ 16 ($A_s = 402\text{mm}^2$)

支座剪力：
$$V = \frac{1}{2} \times 17.374 \times 2.88 + \frac{1}{2} \times 7.722 = 28.88\text{kN}$$
$$0.7 f_t b h_0 = 0.7 \times 1.57 \times 260 \times 265 = 75.72\text{kN} > V$$

构造配筋，箍筋的最大间距为 200mm

$$\rho_{svmin} = 0.24 \frac{f_t}{f_{yv}} = 0.24 \times \frac{1.57}{210} = 0.179\%$$

选 $\phi 6@200$ 双肢箍，$\rho_{sv} = \frac{A_{sv}}{bs} = \frac{2 \times 50.3}{200 \times 200} = 0.251\% > 0.179\%$

工　作　页

工作页1 静力学基本概念（一）

项目1 建筑力学与结构基本知识 单元1 建筑力学的基本知识 任务1 静力学基本概念（一）	组 别	
	姓 名	
	日 期	

 学习目标

1. 掌握力的概念；
2. 掌握力学基本公理；
3. 能运用力的基本性质分析问题，解决问题。

 任务描述

塔式起重机如图所示，机架重 $G=700\text{kN}$，作用线通过塔架中心。最大起重量 $F_{w1}=200\text{kN}$，最大悬臂长为12m，轨道 A、B 的间距为4m，平衡块重 F_{w2}，到机身中心线距离为6m。

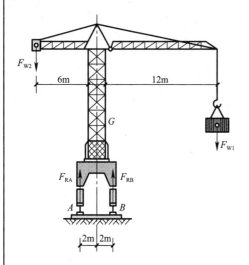

 学习过程

团队建设

1. 确定小组成员：＿＿＿＿＿＿＿＿＿＿＿＿＿＿＿＿＿＿＿＿＿＿＿＿＿＿＿＿
2. 给小组起一个响亮的名字：＿＿＿＿＿＿＿＿＿＿＿＿＿＿＿＿＿＿＿＿＿＿
3. 本学期想达到什么样的成绩：＿＿＿＿＿＿＿＿＿＿＿＿＿＿＿＿＿＿＿＿＿

新内容

引导性问题 1：力的三要素是什么？力如何用图示法表示？

引导性问题 2：请小组讨论按照力系中各力作用线分布的不同形式，力系可分为哪几种形式？

引导性问题 3：请小组讨论"二力平衡公理"与"作用力和反作用力公理"的差别？

引导性问题 4：加减平衡力系公理适用于（　　　）。

A. 刚体　　　　　　　　　　　　B. 变形体

C. 任意物体　　　　　　　　　　D. 由刚体和变形体组成的系统

小测验

1. 加减平衡力系公理：作用于刚体的任意力系中，加上或减去任意平衡力系，并不改变原力系的（　　　）。如果两个力系只相差一个或几个平衡力系，则它们对刚体的作用（　　　），因此可以等效替换。

2. 力的平行四边形公理：作用在物体上的同一点的两个力，可以合成为一个合力，合力的作用点也在该点，合力的大小和方向，由这两个力为邻边构成的（　　　）确定。

3. 在任何外力作用下，不发生形变的物体称为（　　　）。

A. 约束　　　　　　B. 刚体　　　　　　C. 自由体

4. 判断：合力一定大于分力。（　　　）

5. 下列原理、法则、定理中，只适用于刚体的是（　　　）。

A. 力的可传递性原理　　　　　　B. 力的平行四边形法则

C. 二力平衡原理　　　　　　　　D. 作用与反作用定理

课后要求

自学力系的分类和力的投影。

工作页 2　静力学基本概念 （二）

项目 1　建筑力学与结构基本知识 单元 1　建筑力学的基本知识 任务 1　静力学基本概念 （二）	组　别	
	姓　名	
	日　期	

 学习目标

> 1. 理解约束的类型；
> 2. 掌握约束力反方向的确定；
> 3. 掌握约束力和约束反力。

 学习过程

复习

什么是作用力和反作用力公理？

新内容

引导性问题 1：请小组讨论什么是自由体？什么是非自由体？

引导性问题 2：请小组讨论主动力与约束力的区别？

引导性问题 3：图中存在哪种约束？其约束特点是什么？并画出约束反力的方向。

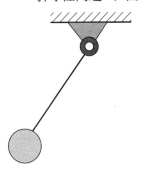

引导性问题 4：请小组讨论并总结出图片中的狗链属于什么约束？并总结该约束的特征。

小测验

1. 固定端约束通常有（　　）个约束反力。

A. 1　　　　　　　　B. 2　　　　　　　　C. 3　　　　　　　　D. 4

2. 只限制物体任何方向移动，不限制物体转动的支座称为（　　）支座。

A. 固定铰　　　　　B. 可动铰　　　　　C. 固定端　　　　　D. 光滑面

3. 既限制物体任何方向运动，又限制物体转动的支座称（　　）支座。

A. 固定铰　　　　　B. 可动铰　　　　　C. 固定端　　　　　D. 光滑面

课后要求

画出下图各个铰支座所受的约束反力。

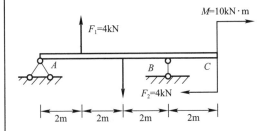

工作页 3　静力学基本概念（三）

项目 1　建筑力学与结构基本知识	组　别	
单元 1　建筑力学的基本知识	姓　名	
任务 1　静力学基本概念（三）	日　期	

 学习目标

> 熟练掌握物体受力分析和画受力图的方法。

 学习过程

复习

约束的基本类型和约束反力的特点？

新内容

引导性问题 1：什么是受力分析？

引导性问题 2：请小组讨论物体受力图的步骤。

1. _____

2. _____

3. _____

引导性问题 3：等腰三角形构架 ABC 的顶点 A、B、C 都用铰链连接，底边 AC 固定，而 AB 边中的中点 D 作用有平行于固定边 AC 的力 F，如图所示，不计算各杆自重，各小组试画出 AB 和 BC 的受力图。

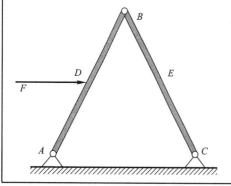

引导性问题 4：请画出图中的球和杆 AB 的受力分析图。

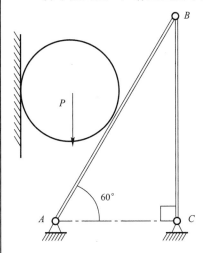

小测验

由水平杆 AB 和斜杆 BC 构成的管道支架如图所示，在 AB 杆上放一重量为 P 的管道，A、B、C 处都是铰链连接，不计各杆的自重，各接触面都是光滑的。试分别画出管道 O、水平杆 AB、斜杆 BC 及整体的受力图。

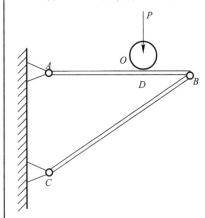

课后要求

画出下列各物体系统中各物体（不包括销钉与支座）以及物体系统整体受力图。

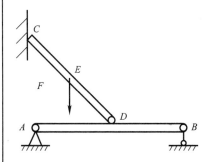

工作页 4 力系的分类和力的投影

项目 1 建筑力学与结构基本知识 单元 1 建筑力学的基本知识 任务 2 平面力系的合成与平衡方程 子任务 1 力系的分类和力的投影	组　别	
	姓　名	
	日　期	

 学习目标

> 1. 掌握力系的分类和力的投影计算；
> 2. 能够画出平面任意力的投影。

 学习过程

复习

回顾直线在平面上的投影知识？一根直立的电线杆，在一天的不同时段里，电线杆留在地面上的影子长度是不同的，这是为什么？

新内容

引导性问题 1：请小组讨论力是如何投影的？投影符号如何判断？并写出下图在 x 轴、y 轴上的投影。

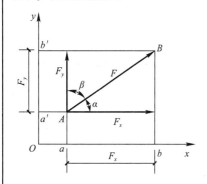

引导性问题 2：力的投影性质：

当力与坐标轴垂直时，其投影的绝对值与该力的大小（　　　　　　　）；

当力与坐标轴平行时，其投影的绝对值与该力的大小（　　　　　　　）；

当力平行移动后，在坐标轴上的投影（　　　　　　　）。

引导性问题 3：试分别求出各力在 x 轴和 y 轴上投影，已知 $F_1 = 100\text{N}$，$F_2 = 150\text{N}$，$F_3 = F_4 = 200\text{N}$，各力的方向如图所示。

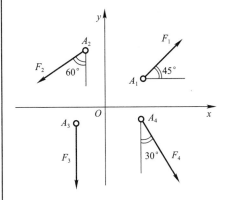

小测验

1. 关于力和里的投影，下列哪种说法是正确的（　　）。

A. 力是矢量，力的投影是代数量　　　　B. 力是代数量，力的投影是矢量

C. 力和力的投影都是矢量　　　　　　　D. 力和力的投影都是代数量

2. 力在 x 轴上的投影等于力本身大小，则此力与 x 轴（　　）。

A. 垂直　　　　　B. 平行　　　　　C. 相交　　　　　D. 成 $60°$

3. 试分别求各力在 x 轴和 y 轴上投影。已知 $F_1 = 100\text{N}$，$F_2 = 200\text{N}$，$F_3 = 300\text{N}$，$F_4 = F_5 = 150\text{N}$。各力方向如图所示。

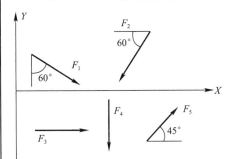

课后要求

已知各力均为 300N，分别求其在坐标轴上的投影。

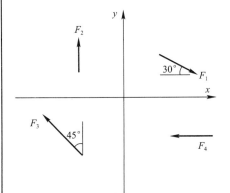

工作页 5　力矩和力偶

项目 1　建筑力学与结构基本知识 单元 1　建筑力学的基本知识 　　任务 2　平面力系的合成与平衡方程 　　　子任务 2　力矩和力偶	组　别	
	姓　名	
	日　期	

 学习目标

1. 掌握力矩和力偶的概念；
2. 熟悉力偶的基本性质；
3. 掌握力的等效平移定理。

 任务描述

用扳手拧螺丝、开车时手握方向盘都属于对物体的转动效应。如何能用扳手轻松的完成工作任务？

 学习过程

新内容

引导性问题 1：请小组讨论如图所示力矩的大小取决于哪些因素？

力对点之矩

引导性问题 2：计算图示结构中力 F 对 O 点的力矩。

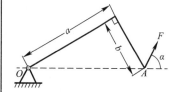

引导性问题 3：什么是力的等效平移？需要注意什么？

引导性问题 4：小组讨论力矩和力偶矩的联系和区别？

	联系	区别
力矩		
力偶矩		

小测验

1. 力使物体绕某点转动的效果要用（　　）来度量。

A. 力矩　　　　　　　B. 力　　　　　　　C. 弯曲　　　　　　D. 力偶

2. 力矩的单位是（　　）。

A. N/m　　　　　　　B. m　　　　　　　C. N·m

3. （　　）是力矩中心点至力的作用线的垂直距离。

A. 力矩　　　　　　　B. 力臂　　　　　　C. 力　　　　　　　D. 力偶

4. 当力的作用线通过矩心时，力矩（　　）。

A. 最大　　　　　　　B. 最小　　　　　　C. 为零　　　　　　D. 不能确定

5. 求力 F 对点 A 之矩。

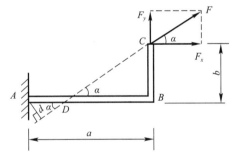

课后要求

图中 $F_1 = F_1' = 150\text{N}$，$F_2 = F_2' = 200\text{N}$，$F_3 = F_3' = 250\text{N}$，求合力偶。

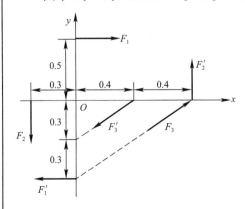

工作页6 平面汇交力系的合成与平衡

项目1 建筑力学与结构基本知识	组 别	
单元1 建筑力学的基本知识 任务2 平面力系的合成和平衡方程 子任务3 平面汇交力系的合成与平衡	姓 名	
	日 期	

 学习目标

1. 掌握平面力系合成的两种方法；
2. 掌握解析法的计算。

 学习过程

复习

1. 力是如何分解到各个坐标轴的?

2. 二力平衡定理是什么?

新内容

引导性问题1：请小组讨论几何法解题有什么优缺点?

引导性问题2：请小组讨论合力投影定理，是否可以利用它进行平面力系的合成?

引导性问题 3：用解析法求两杆所受的力。

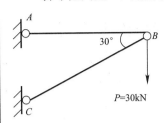

小测验

1. 平面汇交力系，$F_1＝3kN$，$F_2＝1kN$，$F_3＝1.5kN$，$F_4＝2kN$。方向如图所示，求此力系合力。

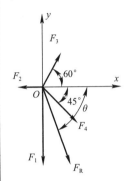

2. 汇交二力，其大小相等并与其合力一样大，此二力之间的夹角必为（　　　）°。

A. 0 B. 90 C. 120 D. 180

3. 物体受到两个共点力的作用，无论是在什么情况下，其合力（　　　）。

A. 一定大于任意一个分力

B. 至少比一个分力大

C. 不大于两个分力大小的和，不小于两个分力大小的差

D. 随两个分力夹角的增大而增大

课后要求

已知 $F_1＝F_2＝100N$，$F_3＝150N$，$F_4＝200N$，试求其合力。

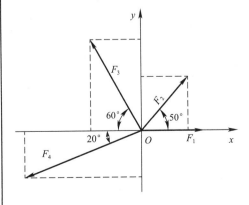

工作页 7　平面一般力系的简化及平衡方程

项目 1　建筑力学与结构基本知识 　单元 1　建筑力学的基本知识 　　任务 2　平面力系的合成和平衡方程 　　　子任务 4　平面一般力系的简化及平衡方程	组　别	
	姓　名	
	日　期	

 学习目标

1. 掌握平面一般力系的简化方法；
2. 能够利用一般力系的平衡方程求解平衡问题。

 学习过程

复习

平面力系的合成的方法？

新内容

引导性问题 1：请小组讨论平面一般力系向作用平面内一点简化的方法？

引导性问题 2：请小组讨论总结力系的平衡条件是什么？

引导性问题 3：请小组讨论平衡方程的基本形式，并利用平衡求出下题 A、B 的支反力。已知：$P=20\text{kN}$，$m=16\text{kN}\cdot\text{m}$，$q=20\text{kN/m}$，$a=0.8\text{m}$。

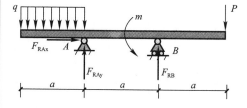

引导性问题 4：请小组讨论当 A、B 两点的连线不垂直与 X 轴时，平衡方程的形式是什么？当 A、B、C 三点不共线时，平衡方程的形式是什么？

小测验

1. 判断：平面任意力系向所在平面内的一点简化，结果得到的主矢为零，而主矩不为零，于是可以进一步再简化而使作用物体的力系平衡。（　　）

2. 构架由 AB、AC 组成，A、B、C 三点铰接。A 点受向下力 G，杆重忽略不计。求 AB、AC 杆的受力。

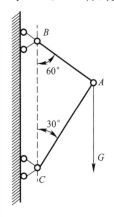

3. 求图中所示梁支座反力。

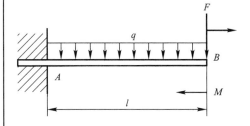

课后要求

课后通过查找资料，了解设计的基准期和设计年限。

工作页 8 建筑结构设计基本原理（一）

项目1　建筑力学与结构基本知识	组　别	
单元2　建筑结构的基本知识	姓　名	
任务1　建筑结构设计基本原理（一）	日　期	

 学习目标

> 1. 了解掌握荷载分类、荷载代表值的概念及种类；
> 2. 能确定永久荷载、可变荷载的代表值；
> 3. 理解结构的功能及其极限状态的含义。

 任务描述

　　某建筑物位于××市，东面、南面、西面均为规划道路、北面为田地，规划建设村民安置房。该建筑用地面积53704m²，多层住宅，每栋6层。建筑耐久年限：二级，建筑物耐火年限：二级。

 学习过程

新内容

引导性问题1：通过课前查找资料，请说出我国的设计基准期是多少年？设计基准期和设计使用年限的区别是什么？

引导性问题2：请小组讨论荷载的分类有哪些？并举例说明。

引导性问题 3：什么是荷载代表值？永久荷载、可变荷载的代表值分别是什么？

引导性问题 4：如何选取永久荷载标准值和可变荷载标准值？

引导性问题 5：取钢筋混凝土单位体积自重标准值为 $25kN/m^3$，则截面尺寸为 $200mm \times 500mm$ 的钢筋混凝土矩形截面梁的自重标准值为多少？

引导性问题 6：拟设某办公楼 $15226m^2$。请选择该建筑楼面均布活荷载标准值为（　　　　），组合值系数为（　　　　），频遇值系数为（　　　　），准永久系数为（　　　　）。

小测验

1. 按随时间的变异分类，结构上的荷载可分为（　　　　）、（　　　　）、（　　　　）。

2. 在设计基准期内，其值不随时间变化，或者其变化与平均值相比可忽略不计的荷载称为（　　　　），如结构自重、土压力、预应力等。也称为（　　　　）。

3. 荷载的代表值有：（　　　　）、（　　　　）、（　　　　）。

4. 我国采用的设计基准期一般为（　　　　）年。

课后要求

在《建筑结构可靠性设计统一标准》GB 50068—2018 中查找，"建筑物耐火年限""建筑耐久年限"分别都有哪些要求。

工作页 9　建筑结构设计基本原理（二）

项目 1　建筑力学与结构基本知识 单元 2　建筑结构的基本知识 　　任务 1　建筑结构设计基本原理（二）	组　别	
	姓　名	
	日　期	

 学习目标

1. 了解掌握荷载分类、荷载代表值的概念及种类；
2. 能确定永久荷载、可变荷载的代表值；
3. 理解结构的功能及其极限状态的含义。

 任务描述

　　某建筑物位于××市海城区，东面、南面、西面均为规划道路、北面为田地，规划建设村民安置房。该建筑用地面积 53704m²，多层住宅，每栋 6 层。建筑耐久年限：二级，建筑物耐火年限：二级。

 学习过程

复习

举例说明哪些是永久荷载、可变荷载和偶然荷载？

新内容

引导性问题 1：建筑结构应满足哪些功能要求？其中最重要的一项是什么？

引导性问题 2：结构的可靠性和可靠度的定义分别是什么？二者间有何联系和区别？

引导性问题 3：什么是结构功能的极限状态？承载能力极限状态和正常使用极限状态的含义分别是什么？

引导性问题 4：图示结构功能函数中，两个变量代表了什么？总结极限状态方程。

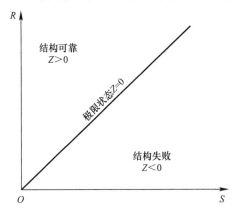

引导性问题 5：已知村民安置房用简支空心板，安全等级为二级，板长为 3300mm，计算跨度 3180mm，板宽 900mm，板自重 2.04kN/m²，后浇混凝土层厚 40mm，板底抹灰层厚 20mm，可变荷载标准值 2.0kN/m²，永久值系数 0.4。试计算按承载能力极限状态和正常使用极限状态设计时的跨中截面弯矩设计值的荷载组合。

完成任务过程

（1）计算永久荷载标准值

板自重＝

40mm 厚现浇混凝土＝

20mm 板底抹灰＝

板长方向均布恒荷载标准值＝

可变荷载标准值＝

（2）承载能力极限状态设计时的跨中弯矩设计值的计算

1）按可变荷载效应控制的组合计算：

2）按永久荷载效应控制的组合计算：

（3）正常使用极限状态设计时的跨中弯矩设计值的计算

1）按荷载标准组合：

2）按荷载永久组合：

课后要求

结构或构件出现什么情况时则认为超过了承载能力极限状态？

工作页 10　钢筋和混凝土材料力学性质

项目1　建筑力学与结构基本知识	组　别	
单元2　建筑结构的基本知识	姓　名	
任务2　钢筋和混凝土材料力学性质	日　期	

 学习目标

> 1. 掌握钢筋的品种、规格、力学性能及强度设计指标；
> 2. 掌握混凝度的强度、变形指标；
> 3. 掌握钢筋与混凝土之间的粘结、钢筋的锚固与连接。

 学习过程

新内容

引导性问题1：请小组讨论根据不同的特点，如何将钢筋分类？

引导性问题2：请小组讨论什么是屈服强度、极限强度、伸长率、冷弯性能？

引导性问题3：什么叫混凝土立方体抗压强度？《混凝土结构设计规范》GB 50010—2010 中规定以什么强度作为混凝土强度等级指标？

引导性问题 4：请小组讨论立方体抗压强度标准值分别与轴心抗压强度标准值、轴心抗拉强度标准值有何联系？

引导性问题 5：什么是混凝土的徐变？影响混凝土徐变的因素有哪些？

引导性问题 6：什么是混凝土的收缩？影响混凝土收缩的因素有哪些？

引导性问题 7：钢筋混凝土强度对钢筋性能的要求主要有哪几点？C30 含义是什么？

引导性问题 8：钢筋和混凝土是两种不同的材料，它们之间能够很好地共同工作是因为什么？

小测验

1.《混凝土结构设计规范》GB 50010—2010 规定以（   ）强度作为混凝土强度等级指标。

2. 测定混凝土立方强度标准试块的尺寸是（   ）。

3. 混凝土的强度等级是按（   ）划分的，共分为（   ）级。

4. 钢筋按其外形可分为（　　　　　）、（　　　　　）两大类。

5. HPB235、HRB335、HRB400、RRB400 表示符号分别为（　　　　　　　）。

6. 判断：钢筋应该在焊接前冷拉。（　　）

7. 判断：混凝土的收缩和徐变对钢筋混凝土结构都是有害的。（　　）

课后要求

熟悉了解钢筋、混凝土性能。

工作页 11　单跨静定梁的受力分析及受力分析图、支座反力的计算

项目 2　框架结构水平构件结构设计 　单元 3　单跨静定梁的内力 　　任务 1　单跨静定梁的受力分析及受力分析图 　　任务 2　支座反力的计算	组　别	
	姓　名	
	日　期	

 学习目标

1. 掌握单跨静定梁的受力分析；
2. 掌握单跨静定梁的受力分析图；
3. 掌握支座反力。

 任务描述

沈阳××办公楼，为框架结构。主入口雨篷处有一道简支梁，梁的截面尺寸为 900mm×700mm，梁长 5m，梁所受重力荷载可简化成均布线荷载 150kN/m。

 学习过程

复习

1. 梁长 5m，梁所受均布荷载 150kN/m 是什么意思？

2. 分别画出固定铰支座、可变铰支座、固定端支座的约束。

新内容

引导性问题 1：请小组讨论单跨梁按照约束情况有哪几种形式？

引导性问题 2：请小组讨论并计算出下图的支座反力。

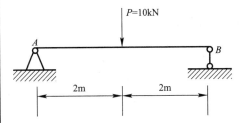

引导性问题 3：请小组讨论并计算出下图的支座反力。

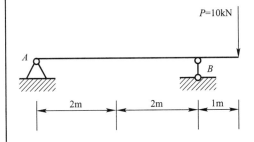

小测验

请小组讨论并计算出下图的支座反力。

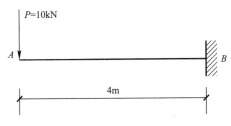

拓展性问题

计算出下图的支座反力。

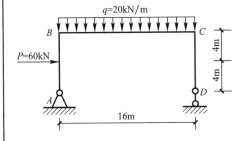

课后要求

预习截面法计算内力的方法。

工作页 12　内力及截面法（一）

项目 2　框架结构水平构件结构设计	组　别	
单元 3　单跨静定梁的内力	姓　名	
任务 3　内力及截面法（一）	日　期	

 学习目标

> 1. 掌握单跨静定梁受弯时的内力；
> 2. 掌握截面法；
> 3. 掌握剪力和剪力图。

 任务描述

沈阳××办公楼，为框架结构。主入口雨篷处有一道简支梁，梁的截面尺寸为 900mm×700mm，梁长 5m，梁所受重力荷载可简化成均布线荷载 150kN/m。

 学习过程

复习

单跨梁按照约束情况有哪几种形式？

新内容

引导性问题 1：请小组讨论受弯构件的内力都包含哪些？

引导性问题 2：请小组讨论受弯构件剪力的正负号如何规定？

引导性问题 3：请小组讨论什么是截面法？截面法计算内力分几步？

引导性问题 4：请小组讨论并用截面法计算下图的剪力并画出剪力图。

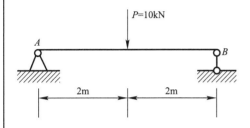

引导性问题 5：请小组讨论并用截面法计算下图的剪力并画出剪力图。

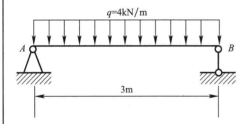

引导性问题 6：请小组结合引导性问题 4、引导性问题 5 讨论梁在集中力荷载下与在均布荷载下的剪力图的特点。

小测验

计算出下图的剪力，并画出剪力图。

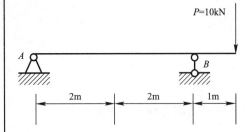

课后要求

计算出下图的剪力，并画出剪力图。

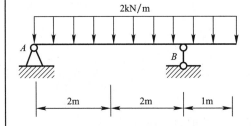

工作页 13 内力及截面法（二）

项目 2　框架结构水平构件结构设计 单元 3　单跨静定梁的内力 任务 3　内力及截面法（二）	组　别	
	姓　名	
	日　期	

 学习目标

1. 掌握单跨静定梁受弯时的内力；
2. 掌握截面法；
3. 掌握弯矩和弯矩图。

 任务描述

沈阳××办公楼，为框架结构。主入口雨篷处有一道简支梁，梁的截面尺寸为 900mm×700mm，梁长 5m，梁所受重力荷载可简化成均布线荷载 150kN/m。

 学习过程

复习

1. 受弯构件的剪力的正负号如何规定？

2. 用截面法求出下图的剪力并画出剪力图。

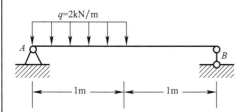

新内容

引导性问题 1：请小组讨论受弯构件的弯矩的正负号如何规定？

引导性问题 2：请小组讨论并画出下图的弯矩图。

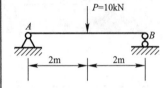

引导性问题 3：请小组讨论并画出下图的弯矩图。

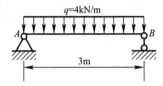

引导性问题 4：请小组结合引导性问题 2、引导性问题 3 讨论梁在集中力荷载下与在均布荷载下的弯矩图的特点。

小测验

计算出下图的弯矩，并画出弯矩图。

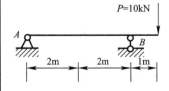

课后要求

复习剪力图弯矩图的画法。

工作页 14 梁弯曲变形时的应力

项目 2 框架结构水平构件结构设计 单元 4 受弯构件承载力计算 任务 1 梁弯曲变形时的应力	组 别	
	姓 名	
	日 期	

 学习目标

> 1. 掌握梁弯曲变形时的正应力；
> 2. 掌握惯性矩；
> 3. 掌握梁弯曲变形时的切应力。

 任务描述

一般梁在弯曲时，横截面上有剪力 V 和弯矩 M，这两个内力都是横截面上分布内力的合成结果。横截面上既有剪力又有弯矩时，横截面上将同时有切应力和正应力。

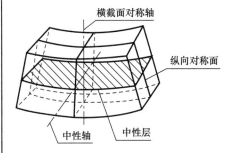

 学习过程

复习

画出下图的剪力图和弯矩图。

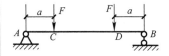

新内容

引导性问题 1：请小组讨论梁的正应力的分布规律，并解释公式中各符号的含义。

引导性问题 2：请小组讨论矩形惯性矩、圆形惯性矩分别如何求解？

引导性问题 3：请小组讨论已知梁的截面为 200mm×500mm 时如何求梁的最大正应力？

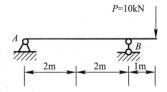

小测验

1. 矩形截面梁的切应力表示方式？

2. 梁的正应力最大值一般出现在梁的什么位置？

课后要求

已知梁的截面为 200mm×500mm 时如何求梁的最大正应力？

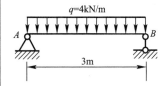

工作页 15 受弯构件正截面破坏特征

项目 2 框架结构水平构件结构设计	组 别	
单元 4 受弯构件承载力计算	姓 名	
任务 2 受弯构件正截面破坏特征	日 期	

 **学习目标**

1. 掌握受弯构件破坏形式；
2. 掌握超筋梁、适筋梁、少筋梁破坏特征。

 任务描述

沈阳××办公楼，建筑面积为 15226.4m²，地上 15 层，为框架结构。主入口雨篷处有一道简支梁，梁的截面尺寸为 900mm×700mm，梁长 5m。

 学习过程

引导性问题 1：请小组讨论受弯构件破坏形式有哪几种？

引导性问题 2：请小组讨论如何区分超筋梁、适筋梁、少筋梁？

引导性问题 3：请小组讨论适筋梁破坏特征是什么？

引导性问题 4：请小组讨论超筋梁破坏特征是什么？

小测验

一、选择题

1. 梁的正截面破坏形式与（　　　）有关。

A. 配筋率　　　　　　　　　　　B. 混凝土强度等级

C. 截面形式　　　　　　　　　　D. 设计水平

E. 试验水平

2. 适筋梁破坏的特征表现为（　　　）。

A. 受压区混凝土先被压碎，然后受拉区混凝土开裂

B. 受压区混凝土先被压碎，然后受拉区钢筋屈服

C. 受拉区钢筋先屈服，然后受压区钢筋屈服

D. 受拉区钢筋先屈服，然后受压区混凝土被压碎

二、判断题

1. "受拉区混凝土一裂就坏"是少筋梁的破坏特征。（　　　）

2. 超筋梁、少筋梁的破坏都属于脆性破坏。（　　　）

课后要求

试论述随着配筋率的变化，梁的正截面破坏形式的变化。

工作页 16　单筋矩形截面受弯构件正截面承载力计算

项目 2　框架结构水平构件结构设计	组　别	
单元 4　受弯构件承载力计算	姓　名	
任务 3　单筋矩形截面受弯构件正截面承载力计算	日　期	

 学习目标

1. 掌握受弯构件正截面承载力计算公式；
2. 掌握受弯构件正截面承载力计算方法。

 任务描述

沈阳××办公楼，建筑面积为 15226.4m²，地上 15 层，为框架结构。主入口雨篷处有一道简支梁，梁的截面尺寸为 900mm×700mm，梁长 5m。

 学习过程

引导性问题 1：请小组讨论钢筋混凝土梁的正截面破坏受哪几方面因素影响？

引导性问题 2：请小组讨论单筋矩形截面受弯构件正截面承载力计算步骤。

小测验

已知矩形截面梁 b×h＝200mm×500mm，由荷载设计值产生的 M＝165kN·m（包括自重），混凝土采用 C25，钢筋选用 HRB400 级，环境类别为一类，安全等级为二级。试求所需受拉钢筋截面面积。

课后要求

已知钢筋混凝土矩形截面梁 $b \times h = 200\text{mm} \times 500\text{mm}$，梁承受最大弯曲设计值 $M = 165\text{kN} \cdot \text{m}$（包括自重），混凝土采用 C30，钢筋选用 HRB400 级（$A_s = 1017\text{mm}^2$），环境类别为一类，安全等级为二级。试验算该梁是否安全。

工作页 17　受弯构件斜截面破坏特征、受弯构件斜截面承载力计算

项目 2　框架结构水平构件结构设计 单元 4　受弯构件承载力计算 　任务 4　受弯构件斜截面破坏特征 　任务 5　受弯构件斜截面承载力计算	组　别	
	姓　名	
	日　期	

 学习目标

1. 掌握受弯构件斜截面破坏特征；
2. 掌握受弯构件斜截面承载力计算公式；
3. 掌握受弯构件斜截面承载力计算方法。

 任务描述

沈阳××办公楼，建筑面积为 15226.4m²，地上 15 层，为框架结构。主入口雨篷处有一道简支梁，梁的截面尺寸为 900mm×700mm，梁长 5m。

 学习过程

引导性问题 1：请小组讨论受弯构件斜截面破坏受哪几方面因素影响？

引导性问题 2：请小组讨论受弯构件斜截面破坏的主要特征有哪三种？

引导性问题 3：请小组讨论单筋矩形截面受弯构件斜截面承载力计算步骤。

小测验

1. 已知矩形截面梁 $b \times h = 200\text{mm} \times 450\text{mm}$，支座边缘剪力设计值为 96kN 混凝土采用 C25，钢筋选用 HPB300 级，只配置箍筋时试求箍筋数量。

2. 某现浇底层钢筋混凝土轴心受压柱，截面尺寸 $b \times h = 300\text{mm} \times 300\text{mm}$，采用 4 根直径为 20mm 的 HRB335 级钢筋，混凝土采用 C25，$l_0 = 4.5\text{m}$，承受轴向力设计值 800kN，试校核此柱是否安全。

课后要求

分别描述剪压破坏、斜压破坏和斜拉破坏三种破坏过程。

工作页 18 轴向拉（压）杆的内力（一）

项目 3 框架结构竖向构件结构设计 单元 5 轴向拉（压）杆 任务 1 轴向拉（压）杆的内力	组 别	
	姓 名	
	日 期	

 学习目标

1. 掌握轴向拉伸的概念；
2. 掌握轴向压缩的概念；
3. 内力计算方法。

 任务描述

某杆件支撑如图所示，承重 $G=20$kN，作用在支撑端部。试确定 AB 杆、BC 杆轴力。

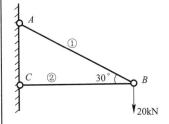

 学习过程

复习

1. 思考工程中哪些构件属于杆件？

2. 思考杆件受力时，荷载的特点是什么？

新内容

引导性问题1：请小组讨论上述任务中 AB 杆、BC 杆分别承受的是拉力还是压力？

引导性问题2：关于轴力有下列几种说法，试判断是否正确：

1. 轴力是作用于杆件轴线上的载荷。（　　　）
2. 轴力是轴向拉伸或压缩时杆件横截面上分布内力系的合力。（　　　）
3. 轴力的大小与杆件的横截面面积有关。（　　　）
4. 轴力的大小与杆件的材料无关。（　　　）

引导性问题3：请小组讨论上述任务解题思路并确定 AB 杆、BC 杆轴力？

小测验

1. 内力是由＿＿＿＿＿＿＿＿＿引起的杆件内个部分间的＿＿＿＿＿＿＿＿＿。
2. 求内力的基本方法是＿＿＿＿＿＿＿＿＿。
3. 直杆的作用内力称＿＿＿＿＿＿＿＿。其正负号规定为：当杆件受拉而伸长时为正，其方向＿＿＿＿＿＿＿截面。
4. 截面法求轴力的步骤为：＿＿＿＿＿＿、＿＿＿＿＿＿、＿＿＿＿＿＿。
5. 杆件轴向拉伸或压缩时，其受力特点是：作用于杆件外力的合力作用线与杆件轴线相＿＿＿＿＿＿。
6. 轴向拉伸或压缩杆件的轴力垂直于杆件横截面，并通过截面＿＿＿＿＿＿。
7. 当杆件受到轴向拉力时，其横截面轴力的方向总是＿＿＿＿＿＿截面指向的。
8. 试确定图示杆件的轴力。

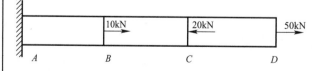

课后要求

预习轴向拉（压）杆的应力概念。

工作页 19　轴向拉（压）杆的内力（二）

项目3　框架结构竖向构件结构设计 单元5　轴向拉（压）杆 任务1　轴向拉（压）杆的内力	组　别	
	姓　名	
	日　期	

 学习目标

1. 掌握轴向拉伸和压缩的内力计算方法；
2. 轴力图绘制方法及注意事项。

 任务描述

试绘制下图所示各杆的轴力图。

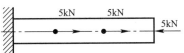

 学习过程

复习

1. 思考杆件轴力的含义？

2. 思考杆件受力时，如何判断荷载是拉力还是压力？

新内容

引导性问题1：请小组讨论轴力图的含义？

引导性问题 2：请小组讨论轴力图的作用？

引导性问题 3：请小组讨论：轴力图的做法？小组成果提交：将任务求解过程另附一张纸上交？

小测验

一、填空题

1. 轴力图用来表达_____，画轴力图时用_____的坐标表示横截面位置，_____坐标表示横截面上的轴力。

2. 轴力图中，正轴力表示拉力，画在轴的_____。

二、判断题

3. 轴力图可显示出杆件各段内横截面上轴力的大小但并不能反映杆件各段变形是伸长还是缩短。（   ）

4. 一端固定的杆，受轴向外力的作用，不必求出约束反力即可画内力图。（   ）

5. 若沿杆件轴线方向作用的外力多于两个，则杆件各段横截面上的轴力不尽相同。（   ）

拓展性问题

确定下图构件的轴力图。

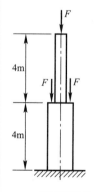

课后要求

预习轴向拉（压）杆的应力概念。

工作页 20 轴向拉（压）杆的应力和强度计算（一）

项目 3 框架结构竖向构件结构设计 单元 5 轴向拉（压）杆 任务 2 轴向拉（压）杆的应力和强度计算	组 别	
	姓 名	
	日 期	

 学习目标

> 1. 掌握轴向拉（压）杆的应力概念；
> 2. 掌握应力的作用；
> 3. 掌握应力计算。

 任务描述

结构如图所示。若 AD 杆、BC 杆均为直径 $d=16\text{mm}$ 的圆截面杆，试计算 AD 杆、BC 杆横截面上的正应力。

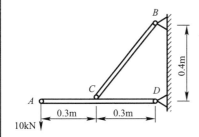

 学习过程

复习

1. 杆件轴力的含义是什么？

2. 轴力图的意义是什么？

3. 应力如何理解？

新内容

引导性问题 1：请小组讨论杆件在受力过程中，是否内力越大，破坏的可能性就越大？

引导性问题 2：请小组讨论：

（1）轴向拉、压杆横截面上正应力公式 $\sigma > N/A$ 的应用条件是什么？

（2）在拉、压结构中，由于温度均匀变化，则（　　）。

A. 静定结构仅可能引起应力，不产生变形

B. 静定结构仅可能引起变形，不产生应力

C. 任何结构都只可能引起变形，不产生应力

D. 任何结构都只可能引起应力和变形

引导性问题 3：请小组讨论：

（1）截面面积为 A 的等直杆，其两端受轴向拉力 P 时，最大正应力 $\sigma_{max} =$ _____，发生在_____上，该截面上的剪应力 $\tau_3 =$ _____，最大剪应力 $\tau_{max} =$ _____，发生在_____上，该截面上的正应力 $\sigma =$ _____；任意两个相互垂直的斜截面上的正应力之和都等于_____。

（2）在轴向拉、压斜截面上，有正应力也有剪应力，在正应力为最大的截面上剪应力为_____。

（3）轴向拉伸或压缩杆件横截面上正应力的正负号如何规定？

（4）在轴向拉伸或压缩杆件上是否存在正应力为零的截面？

（5）指出"内力、外力、应力和应变"四个概念的区别。

内力：

外力：

应力：

应变：

引导性问题 4：请小组讨论并总结本次任务，在下区域完成。

小测验

1. 应力是_____，反映了内力的分布集度。单位_____，简称_____。

2. 1Pa＝_____ N/mm² ＝_____ N/m²。1MPa＝_____ Pa。

3. 直杆受轴力作用时的变形满足_____假设，根据这个假设，应力在横截面上_____分布，计算公式为_____。

4. 正应力是指_____。

5. 在荷载作用下生产的应力叫_____。发生破坏时的应力叫_____。许用应力是工作应力的_____；三者分别用符号_____、_____、_____表示。

6. 当保证杆件轴向拉压时的安全，工作应力与许用应力应满足关系式：_____。

拓展性问题

如图所示钢板受到 14kN 的轴向拉力，板上有三个对称分布的铆钉圆孔，已知钢板厚度为 10mm、宽度为 200mm，铆钉孔的直径为 20mm，试求钢板危险横截面上的应力（不考虑铆钉孔引起的应力集中）。

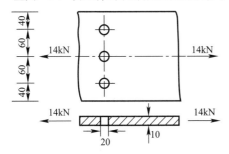

课后要求

巩固应力相关概念，复习强度相关概念。

工作页 21　轴向拉（压）杆的应力和强度计算（二）

项目 3　框架结构竖向构件结构设计	组　别	
单元 5　轴向拉（压）杆	姓　名	
任务 2　轴向拉（压）杆的应力和强度计算	日　期	

 学习目标

1. 掌握轴向拉（压）杆的应力概念；
2. 掌握应力计算；
3. 掌握强度计算。

 任务描述

　　现利用绳索起吊管子如图所示。若构件重 $W=10\mathrm{kN}$，绳索的直径 $d=40\mathrm{mm}$，许用应力 $[\sigma]=10\mathrm{MPa}$，校核绳索的强度。确定绳索的直径应为多少更经济？

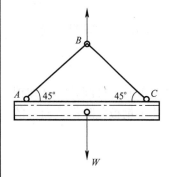

 学习过程

新内容

引导性问题 1：请小组讨论：

（1）轴力越大，杆件越容易拉断，因此是否可以根据轴力的大小来判断杆件的强度？

　　低碳钢在温度升高到 300℃以后，随温度继续升高，则弹性模量 E _____、屈服极限_____、强度极限_____、延伸率_____；而在低温的情况下，低碳钢的强度_____，而塑性_____。

　　（2）等截面直杆，受轴向拉压力作用时，危险截面发生在_____处。而变截面杆，强度计算应分别进行检验。

　　引导性问题 2：请小组讨论校核绳索的强度方法？

　　引导性问题 3：请小组讨论并总结本次任务，在下方区域完成校核绳索的强度并确定绳索的直径应为多少更经济？

小测验

荷载 $P=100$kN。杆①为圆形截面钢杆，其许用应力 $[\sigma]_拉=150$MPa；杆②为正方形截面木杆，其许用应力 $[\sigma]_压=4$MPa。试确定钢杆的直径 d 和木杆截面的边长。

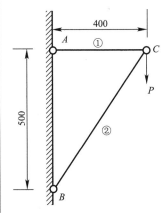

课后要求

考虑如何校核杆件安全性。

工作页 22　轴向拉（压）杆的位移计算

项目 3　框架结构竖向构件结构设计	组　别	
单元 5　轴向拉（压）杆	姓　名	
任务 3　轴向拉（压）杆的位移计算	日　期	

 学习目标

1. 掌握杆件在外力下的变形概念；
2. 掌握轴向变形及轴向线应变、横向变形及横向线应变；
3. 了解掌握胡克定律。

 任务描述

钢杆长 $l=2$m，截面面积 $A=200$mm^2，受到拉力 $P=32$kN 的作用，钢杆的弹性模量 $E=2.0\times10^5$MPa，试确定此钢杆的伸长量 Δl。

 学习过程

引导性问题 1：请小组讨论杆件的变形由哪些因素决定？

引导性问题 2：请小组根据变形的影响因素确定钢杆的伸长量 Δl。

引导性问题 3：请小组讨论：受轴向拉、压的等直杆，若其总伸长为零，则有：
1. 杆内各点的应变必为零。（　　　）
2. 杆内各点的位移必为零。（　　　）
3. 杆内各点的正应力必为零。（　　　）
4. 杆的轴力图面积代数和必为零。（　　　）

引导性问题 4：请小组讨论：圆杆受拉，在其弹性变形范围内，将直径增加一倍，则杆的相对变形将变为原来的（　　　）倍。

小测验

1. 胡克定律表明在_____范围内，杆件的纵向变形与_____及_____，与杆件的_____成正比。

2. 材料的抗拉、压弹性模量用_____表示，反映材料_____的能力。

3. EA 称作材料的_____，它反映了材料制成一定截面尺寸后的杆件的抗拉、压能力。EA 越大，变形越_____。

4. ε 叫作_____，指单位长度的变形。

5. 求图示阶梯状直杆各横截面上的应力，并求杆的总伸长。材料的弹性模量 $E=200\text{GPa}$。横截面面积 $A_1=200\text{mm}^2$，$A_2=300\text{mm}^2$，$A_3=400\text{mm}^2$。

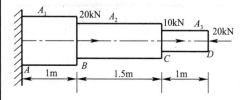

课后要求

自学预习钢筋混凝土框架柱的构造要求。

工作页 23　钢筋混凝土框架柱的构造要求

项目3　框架结构竖向构件结构设计 单元6　钢筋混凝土框架柱 任务1　钢筋混凝土框架柱的构造要求	组　别	
	姓　名	
	日　期	

 学习目标

1. 掌握柱构件的概念；
2. 掌握截面形式及尺寸要求；
3. 掌握纵向受力钢筋构造要求、箍筋构造要求。

 任务描述

某教学楼采用框架结构，试分析该教学楼框架柱应满足哪些构造要求？

 学习过程

复习

思考工程中受力构件应用在什么地方？

新内容

引导性问题1：请小组讨论：轴心受压构件设计时，纵向受力钢筋和箍筋的作用分别是什么？

引导性问题2：请小组讨论：轴心受压构件设计时，钢筋强度应如何取值？

引导性问题 3：请小组讨论：对受压构件中纵向钢筋的直径和根数有何构造要求？对箍筋的直径和间距又有何构造要求？

小测验

1. 对于高度、截面尺寸、配筋完全相同的柱，以支承条件为（　　）时，其轴心受压承载力最大。

A. 两端嵌固　　　　　　　　　　　B. 一端嵌固，一端不动铰支

C. 两端不动铰支　　　　　　　　　D. 一端嵌固，一端自由

2. 钢筋混凝土轴心受压构件，两端约束情况越好，则稳定系数（　　）。

A. 越大　　　　　B. 越小　　　　　C. 不变

3. 轴心受压构件的稳定系数主要与（　　）有关。

A. 混凝土强度　　B. 配筋率　　　　C. 长细比　　　　D. 荷载

4. 在钢筋混凝土轴心受压柱中，螺旋钢筋的作用是使截面中间核心部分的混凝土形成约束混凝土，可以提高构件的＿＿＿＿＿＿和＿＿＿＿＿＿。

5. 受压构件分为＿＿＿＿＿＿和＿＿＿＿＿＿。

6. 混凝土保护层是指：＿＿＿＿＿＿＿＿＿＿。

7. 轴心受压构件为什么不宜采用高强钢筋？

课后要求

预习受压构件承载能力计算。

工作页 24　钢筋混凝土框架柱的承载力计算 （一）

项目 3　框架结构竖向构件结构设计	组　别	
单元 6　钢筋混凝土框架柱 任务 2　钢筋混凝土框架柱的承载力计算（一）	姓　名	
	日　期	

 学习目标

1. 掌握柱的破坏特点；
2. 掌握轴心受压柱的承载力计算；
3. 了解偏心受力构件的概念和特点。

 任务描述

设计一框架柱。设计资料：多层现浇框架厂房结构，标准层中柱，轴向压力设计值 $N=2100\text{kN}$，楼层高 $H=5.60\text{m}$，计算长度 $l_0=1.25H$，混凝土用 C30 （$f_c=14.3\text{N/mm}^2$），钢筋用 HRB335 级 （$f'_y=300\text{N/mm}^2$），环境类别为一类。

设计内容：1. 柱截面尺寸；2. 纵筋面积。

 学习过程

复习

1. 思考工程中，轴心受拉构件的破坏过程？

2. 影响轴心受压柱的承载力的因素有哪些？

新内容

引导性问题 1：请小组讨论：轴心受压构件设计时，如何确定稳定系数 φ？

引导性问题2：请小组讨论：轴心受压构件设计时，截面设计方法？

引导性问题3：请小组讨论并最终确本次任务的设计方案（在下方空白处完成设计计算书）。

小测验

一、选择题

1. 轴心压杆计算时要满足（　　）的要求

A. 强度、刚度（长细比）

B. 强度、整体稳定、刚度（长细比）

C. 强度、整体稳定、局部稳定

D. 强度、整体稳定、局部稳定、刚度（长细比）

2. 钢筋混凝土受压短柱的承载能力取决于（　　）。

A. 混凝土的强度　　　　　　　　B. 箍筋强度和间距

C. 纵向钢筋　　　　　　　　　　D. 混凝土强度和纵向钢筋

3. 配有间接钢筋的轴心受压柱，核心混凝土的抗压强度高于轴心抗压强度 f_c 是因为间接钢筋（　　）。

A. 参与受压　　　　　　　　　　B. 使混凝土密实

C. 约束了混凝土侧向变形　　　　D. 使混凝土中不出现微裂缝

4. 其他条件相同时，以下说法正确的是（　　　）。

A. 短柱的承载力高于长柱的承载力

B. 短柱的承载力低于长柱的承载力

C. 短柱的承载力等于长柱的承载力

D. 短柱的延性高于长柱的延性

5. 受压构件的长细比应当控制，不应过大。其目的是（　　　）。

A. 防止正截面受压破坏

B. 防止斜截面受剪破坏

C. 防止受拉区混凝土产生水平裂缝

D. 保证构件稳定性并避免承载能力降低过多

二、判断题

1. 轴心受压构件纵向受压钢筋配置越多越好。（　　）

2. 轴心受压构件中的箍筋应作成封闭式的。（　　）

3. 实际工程中没有真正的轴心受压构件。（　　）

4. 轴心受压构件的长细比越大，稳定系数值越高。（　　）

拓展性问题

1. 提高轴心受压构件局部稳定常用的合理方法。

2. 某钢筋混凝土正方形截面轴心受压柱，截面边长 300mm。计算长度 $l_0=6$m，承受轴心压力设计值 $N=1000$kN，采用 C30 混凝土，纵筋用 HRB335 级钢筋、箍筋为 HPB235 级钢筋。试配置纵向受压钢筋和箍筋。

课后要求

巩固轴心受压构件的受力过程和破坏过程、受压构件承载能力计算方法。

工作页 25　钢筋混凝土框架柱的承载力计算（二）

项目 3　框架结构竖向构件结构设计	组　别	
单元 6　钢筋混凝土框架柱	姓　名	
任务 2　钢筋混凝土框架柱的承载力计算（二）	日　期	

 学习目标

1. 掌握柱的破坏特点；
2. 掌握轴心受压柱的承载力计算；
3. 了解偏心受力构件的概念和特点。

 任务描述

设计一框架柱。设计资料：现浇框架结构底层中柱，计算长度 $L_0=3.9\text{m}$，截面尺寸为 250mm×250mm，柱内配有 4⌀18 纵筋，混凝土强度等级为 C25，环境类别为一类。柱承载轴心压力设计值 $N=800\text{kN}$。

任务要求：核算该柱截面尺寸是否安全。

 学习过程

复习

思考工程中，为什么要进行承载力复核？

新内容

引导性问题 1：请小组讨论：承载力复核时，需要已知构件的哪些信息？

引导性问题 2：请小组讨论：承载力复核的步骤？

引导性问题 3：请小组讨论并最终确本次任务的设计方案（请另附计算过程）。

小测验

1. 框架结构中框架柱净高 4.2m，截面有效高度 460mm，则斜截面承载能力计算时的剪跨比应取（　　）。

　　A. $\lambda = 1.0$　　　　B. 9.13　　　　C. $\lambda = 3.0$　　　　D. 4.57

2. 当柱的剪力设计值 $V > 0.25 f_c b h_0$ 时，应采取措施使其满足 $V \leqslant 0.25 f_c b h_0$。下列措施中正确的是（　　）。

　　A. 增大箍筋直径　　　　　　　　　B. 减小箍筋间距

　　C. 提高箍筋的抗拉强度值　　　　　D. 加大截面尺寸

拓展性问题

现浇钢筋混凝土圆形螺旋箍筋柱，室内潮湿环境，承受轴力设计值 $N = 2000$kN（包括自重），计算长度 $l_0 = 4.5$m，直径为 400mm，采用 C20 混凝土，HPB235 级螺旋筋，已配置面积 $8 \oplus 16$（$A'_s = 1608 \text{mm}^2$）纵向受力钢筋，试求所需螺旋筋用量。

课后要求

巩固轴心受压构件的受力过程和破坏过程、受压构件承载能力计算方法。

工作页 26 钢筋混凝土框架柱的承载力计算（三）

项目 3　框架结构竖向构件结构设计	组　别	
单元 6　钢筋混凝土框架柱	姓　名	
任务 2　钢筋混凝土框架柱的承载力计算（三）	日　期	

 学习目标

1. 掌握柱的破坏特点；
2. 掌握轴心受压柱的承载力计算；
3. 了解偏心受力构件的概念和特点。

 任务描述

设计资料：某偏心受压框架结构框架柱，截面尺寸 $b \times h = 400\text{mm} \times 600\text{mm}$，柱净高 $H_n = 3.2\text{m}$，内力设计值 $V = 280\text{kN}$，相应的 $N = 750\text{kN}$。混凝土强度等级为 C30，箍筋用 HPB235 钢筋，取 $a_s = a_s' = 40\text{mm}$。

设计内容：试确定柱的箍筋。

 学习过程

复习

思考工程中，什么情况下会出现偏心受压柱？

新内容

引导性问题 1：请小组讨论：偏心受压构件的破坏特征？

引导性问题 2：请小组讨论：受拉破坏与受压破坏的界限是什么？

引导性问题 3：请小组讨论，最终确本次任务的设计方案（在下方空白处完成设计计算书）。

小测验

一、判断题

1. 螺旋箍筋柱既能提高轴心受压构件的承载力，又能提高柱的稳定性。（　　）

2. 小偏心受压破坏的特点是，混凝土先被压碎，远端钢筋没有屈服。（　　）

3. 轴向压力的存在对于偏心受压构件的斜截面抗剪能力是有提高的，但不是无限制的。（　　）

4. 小偏心受压情况下，随着 N 的增加，正截面受弯承载力随之减小。（　　）

5. 判别大偏心受压破坏的本质条件是 $\eta e_i > 0.3h_0$。（　　）

二、选择题

1. 对称配筋小偏心受压柱，在达到承载能力极限状态时，受力纵筋的应力状态是（　　）。

A. A_s 和 A_s' 均屈服
B. A_s' 屈服而 A_s 不一定屈服
C. A_s 屈服而 A_s' 不屈服
D. A_s' 屈服而 A_s 不屈服

2. 钢筋混凝土偏心受压构件，其大、小偏心受压的根本区别是（　　）。

A. 截面破坏时受拉钢筋是否屈服

B. 偏心距的大小

C. 截面破坏时受压钢筋是否屈服

D. 受压一侧混凝土是否达到极限压应变

3. 小偏心受压柱的破坏特征之一是在破坏时（　　）。

A. 截面裂通
B. 截面虽不裂通但整个截面受拉
C. 存在混凝土受压区
D. 两侧钢筋均受压屈服

4. 大偏心受压柱的破坏特征之一是在破坏时（　　）。

A. 离纵向力较近一侧的受力钢筋首先受拉屈服

B. 离纵向力较近一侧的受力钢筋首先受压屈服

C. 离纵向力较远一侧的受力钢筋首先受拉屈服

D. 离纵向力较远一侧的受力钢筋首先受压屈服

拓展性问题

　　某钢筋混凝土偏心受压柱，$b=300$mm、$h=400$mm，计算长度 $l_0=4.0$m。已知 $N_k=240$kN，$M_k=124.8$kN·m，对称配筋 420（$A_s=A_s'=1256$mm²）。一类环境，C25 混凝土，保护层厚度 $c=30$mm，试验算裂缝宽度。

课后要求

巩固偏心受压构件的受力过程和破坏过程、偏心受压构件承载能力计算方法。

工作页 27 抗震设计基础知识（一）

项目4 框架结构工程结构设计 单元7 抗震设计基础知识（一）	组　别	
	姓　名	
	日　期	

 学习目标

1. 掌握地震的成因与类型；
2. 掌握抗震设防烈度；
3. 掌握抗震设防目标。

任务描述

　　××政府办公楼，交通方便，周边有居民楼，形成建筑群；同时有一定的现代建筑物及商业区，立面简洁明朗，与周围环境相互协调，真正做到适用、经济、美观。项目4主要任务是进行该办公楼一层结构设计。

 学习过程

　　引导性问题1：地震按形成的原因可分为_____和_____。自然地震可分为：_____、_____和_____。

　　引导性问题2：请小组讨论什么是地震烈度？

　　引导性问题3：请小组讨论我国关于抗震设防烈度的规定。

引导性问题 4：请小组讨论《建筑工程抗震设防分类标准》GB 50223—2008 中按照使用功能的重要性将建筑工程分为几个抗震设防类别？

小测验

1. 构造地震为：_____。

2.《建筑抗震设计规范》GB 50011—2010 将 50 年内超过概率为_____的烈度值称为基本地震烈度，超过概率为_____的烈度值称为多遇地震烈度。

3. 丙类建筑房屋应根据抗震设防烈度、_____和_____采用不同的抗震等级

4. 震源在地表的投影位置称为_____，震源到地面的垂直距离称为_____。

拓展性问题

1. 7 度区的多层砌体房屋，采用普通黏土砖砌筑，则其房屋的总高度不宜超过_____ m，层数不宜超过_____层。

2. 高速公路和一级公路上的抗震重点工程，其抗震为_____，设计基准期为_____年。

课后要求

1. 框架结构设计时（不考虑填充墙的作用），_____是第一道防线，_____是第二道防线。

2. 为避免发生剪切破坏，梁净跨与截面高度之比不宜小于_____。

工作页 28 抗震设计基础知识（二）

	组　别	
项目 4　框架结构工程结构设计 单元 7　抗震设计基础知识（二）	姓　名	
	日　期	

 学习目标

1. 掌握地震的成因与类型；
2. 掌握抗震设防烈度；
3. 掌握抗震设防目标。

 任务描述

××政府办公楼，交通方便，周边有居民楼，形成建筑群；同时有一定的现代建筑物及商业区，立面简洁明朗，与周围环境相互协调，真正做到适用、经济、美观。项目 4 主要任务是进行该办公楼一层结构设计。

 学习过程

复习

1. 地震按形成的原因可分为哪几类？

2. 什么是抗震设防烈度？

新内容

引导性问题 1：根据建筑物建造地点为"山西晋城"，请各小组根据规范查找出该项目的抗震设防要求。

（1）抗震等级：_____。

（2）抗震设防烈度：_____。

（3）抗震设防标准：_____。

引导性问题 2：请小组根据建设地点查出雨雪条件：基本风压为_____，基本雪压_____。

引导性问题 3：请小组根据任务中给出的拟建建筑物特点，画出建筑物的总平面规划图。

引导性问题 4：请小组根据任务中给出的拟建建筑物特点，画出建筑物的平面设计规划图。

引导性问题 5：电梯间为什么采用剪力墙结构？

课后要求

根据已学过的课程——《建筑构造识图》和《建筑 CAD》中的知识，将引导性问题 4 中平面设计规划图设计成符合标准的平面图。

工作页 29 钢筋混凝土框架结构梁、板、柱的截面尺寸选择（一）

	组　别	
项目 4　框架结构工程结构设计 单元 8　钢筋混凝土框架结构梁、板、柱的截面尺寸选择（一）	姓　名	
	日　期	

 学习目标

1. 掌握梁的一般构造要求；
2. 掌握板的一般尺寸要求；
3. 掌握柱截面形式及尺寸要求。

 任务描述

　　××政府办公楼，交通方便，周边有居民楼，形成建筑群；同时有一定的现代建筑物及商业区，立面简洁明朗，与周围环境相互协调，真正做到适用、经济、美观。项目 4 主要任务是进行该办公楼一层结构设计。

 学习过程

复习

1. 抗震设防标准可分为哪几类？

2. 抗震设防烈度如何规定？

新内容

引导性问题 1：请小组讨论梁的一般构造要求有哪些？

引导性问题 2：请小组讨论梁截面的高跨比通常的取用范围？梁高和梁宽的比值取用范围是多少？

引导性问题 3：根据上一个问题，请各小组讨论常用的梁高、梁宽分别取多少？

小测验

柱的截面形式及尺寸要求是什么？

课后要求

根据工作页 28 中设计的平面图，估算主梁的截面尺寸。

工作页 30　钢筋混凝土框架结构梁、板、柱的截面尺寸选择（二）

	组　别	
项目 4　框架结构工程结构设计 　单元 8　钢筋混凝土框架结构梁、板、柱的截面尺寸选择（二）	姓　名	
	日　期	

 学习目标

> 1. 掌握梁的一般构造要求；
> 2. 掌握板的一般尺寸要求；
> 3. 掌握柱截面形式及尺寸要求。

 任务描述

　　××政府办公楼，交通方便，周边有居民楼，形成建筑群；同时有一定的现代建筑物及商业区，立面简洁明朗，与周围环境相互协调，真正做到适用、经济、美观。项目 4 主要任务是进行该办公楼一层结构设计。

 学习过程

　　引导性问题 1：请将本小组设计的政府办公楼的基本信息写在下方。

　　建筑面积：

　　占地面积：

　　建筑总高度：＿＿＿＿＿＿ m，共＿＿＿＿＿＿层。

　　标准层层高：

　　首层层高：

　　室内外高差：

　　引导性问题 2：请将本小组设计的政府办公楼的材料选用信息写在下方。

　　墙体：外墙＿＿＿＿＿＿厚，隔墙＿＿＿＿＿＿厚。

　　混凝土：

　　钢筋：

　　门、窗材料：

引导性问题 3：已知条件为"屋面结构：采用现浇钢筋混凝土肋形屋盖，刚性屋面"，"楼面结构：全部采用现浇钢筋混凝土肋形楼板"，考虑雨雪荷载，根据荷载组合条件，请计算出本小组设计的政府办公楼首层所受的总荷载的大小。

引导性问题 4：请小组根据教材上【例题 8-1】计算出首层中柱的尺寸。

小测验

板的截面形式及尺寸要求是什么？

课后要求

根据设计的平面图和本节课的数据，估算出边柱的截面尺寸。

工作页 31 钢筋混凝土框架结构梁、板、柱的截面尺寸选择（三）

项目 4 框架结构工程结构设计	组 别	
单元 8 钢筋混凝土框架结构梁、板、柱的截面尺寸选择（三）	姓 名	
	日 期	

 学习目标

1. 掌握梁的一般构造要求；
2. 掌握板的一般尺寸要求；
3. 掌握柱截面形式及尺寸要求。

 任务描述

××政府办公楼，交通方便，周边有居民楼，形成建筑群；同时有一定的现代建筑物及商业区，立面简洁明朗，与周围环境相互协调，真正做到适用、经济、美观。项目 4 主要任务是进行该办公楼一层结构设计。

 学习过程

复习

1. 柱子作为受压构件有几种受压方式？

2. 偏心受压构件如何区分大偏心和小偏心？

3. 计算轴心受压构件的配筋应用到的公式有哪些？

新内容

引导性问题1：请各小组讨论工作页30中我们计算的中柱属于哪种受压构件？

引导性问题2：请将本小组设计中的荷载进行分配，并作用在中柱上，求出中柱的配筋。

引导性问题3：请将计算出中柱的配筋情况，画图表示出来（要求：画出钢筋位置、钢筋保护层厚度和箍筋）。

小测验

试计算出边柱的配筋。

课后要求

根据小测验的结果画出边柱的配筋情况（要求：画出钢筋位置、钢筋保护层厚度和箍筋）。

工作页 32 楼（屋）盖设计（一）

项目 4　框架结构工程结构设计 单元 9　楼（屋）盖及楼梯设计 任务 1　楼（屋）盖设计（一）	组　别	
	姓　名	
	日　期	

 学习目标

1. 掌握钢筋混凝土楼盖的分类；
2. 掌握板的一般构造要求；
3. 掌握板的配筋要求。

 任务描述

　　××政府办公楼，交通方便，周边有居民楼，形成建筑群；同时有一定的现代建筑物及商业区，立面简洁明朗，与周围环境相互协调，真正做到适用、经济、美观。项目 4 主要任务是进行该办公楼一层结构设计。

 学习过程

复习

1. 受弯构件的破坏形式都有什么？

2. 钢筋混凝土楼盖板属于受弯构件吗？

3. 钢筋混凝土楼盖板受到塑性破坏时的破坏特征是什么？

新内容

引导性问题1：请各小组讨论钢筋混凝土楼盖按其施工方式可分为哪几类？

引导性问题2：请各小组讨论现浇整体式楼盖的优缺点。

引导性问题3：按照结构形式，楼盖可分为肋梁楼盖、_____、_____和无梁楼盖。

引导性问题4：请小组讨论本组将采用哪种结构形式的楼盖？并说明原因。

小测验

结合本组设计，按照板的构造要求，估算楼盖板的厚度。

课后要求

查找《混凝土结构设计规范》GB 50010—2010，并掌握什么是单向板？什么是双向板？

工作页 33 楼（屋）盖设计（二）

项目 4 框架结构工程结构设计	组 别	
单元 9 楼（屋）盖及楼梯设计	姓 名	
任务 1 楼（屋）盖设计（二）	日 期	

 学习目标

1. 掌握钢筋混凝土楼盖的分类；
2. 掌握板的一般构造要求；
3. 掌握板的配筋要求。

 任务描述

××政府办公楼，交通方便，周边有居民楼，形成建筑群；同时有一定的现代建筑物及商业区，立面简洁明朗，与周围环境相互协调，真正做到适用、经济、美观。项目4主要任务是进行该办公楼一层结构设计。

 学习过程

复习

1. 板的构造要求？

2. 现浇整体式肋形楼盖的特点？

新内容

引导性问题 1：请各小组讨论板中的钢筋可分为哪几类？

引导性问题2：请各小组讨论受力钢筋的间距如何规定？

引导性问题3：请各小组讨论分布钢筋的作用。

小测验

一、填空题

1. 混凝土保护层厚度的取值主要与（　　）和（　　）等因素有关。

2. 作用荷载按其随时间的变异性和出现的可能性不同，分为（　　）、（　　）、（　　）三类。

二、判断题

1. 在双向板中，四周与梁刚性连接，短跨跨中弯矩比长跨跨中弯矩小。（　　）

2. 受弯构件混凝土的徐变不影响构件的抗弯强度。（　　）

3. 其他条件相同时，随着钢筋保护层厚度增大，裂缝宽度将增大。（　　）

课后要求

1. 查找《建筑结构荷载规范》GB 50009—2012，楼盖板上可能受到的荷载都有哪些？

2. 查《建筑结构荷载规范》GB 50009—2012"永久荷载标准值""可变荷载标准值"分别是什么含义？

工作页 34 楼（屋）盖设计（二）

项目 4　框架结构工程结构设计 单元 9　楼（屋）盖及楼梯设计 任务 1　楼（屋）盖设计（二）	组　别	
	姓　名	
	日　期	

 学习目标

1. 掌握钢筋混凝土楼盖的分类；
2. 掌握板的一般构造要求；
3. 掌握板的配筋要求。

 任务描述

××政府办公楼，交通方便，周边有居民楼，形成建筑群；同时有一定的现代建筑物及商业区，立面简洁明朗，与周围环境相互协调，真正做到适用、经济、美观。项目 4 主要任务是进行该办公楼一层结构设计。

 学习过程

课前提问

1. 楼盖板上可能受到的荷载都有哪些？

2. "永久荷载标准值""可变荷载标准值"分别是什么含义？

新内容

引导性问题 1：请根据工程的实际情况计算出本小组设计中的楼面活荷载、楼面恒荷载。

引导性问题 2：请各小组根据本组情况计算双向板弯矩（在设计中选取一块板即可）。

计算跨度：

板厚：

最小配筋率：

永久荷载标准值：

可变荷载标准值：

板的有效高度：

x 向底板钢筋：

y 向底板钢筋：

引导性问题 3：画出引导性问题 2 中板的配筋情况。

课后要求

整理归纳双向板的计算方法。

工作页 35 楼（屋）盖设计（三）

项目 4 框架结构工程结构设计 单元 9 楼（屋）盖及楼梯设计 任务 1 楼（屋）盖设计（三）	组 别
	姓 名
	日 期

 学习目标

1. 掌握钢筋混凝土楼盖的分类；
2. 掌握板的一般构造要求；
3. 掌握板的配筋要求。

 任务描述

　　××政府办公楼，交通方便，周边有居民楼，形成建筑群；同时有一定的现代建筑物及商业区，立面简洁明朗，与周围环境相互协调，真正做到适用、经济、美观。项目 4 主要任务是进行该办公楼一层结构设计。

 学习过程

复习

1. 计算受弯构件中受力钢筋截面面积的方法。

2. 如何计算梁内的箍筋数量？

新内容

引导性问题 1：请各小组讨论板上所受的荷载如何传递到梁上。

引导性问题 2：请各小组根据本组情况计算顶层主梁内受力钢筋的截面面积（在设计中选取一跨，假设该梁为简支梁）。

所受荷载：永久荷载：

可变荷载：

计算跨度：

梁的截面尺寸：

梁的有效高度：

梁的弯矩：

受力钢筋的截面面积：

引导性问题 3：计算出"引导性问题 2"中箍筋的数量。

课后要求

画出本节课计算的梁的配筋图。

工作页 36　楼梯设计

	组　别	
项目 4　框架结构工程结构设计 单元 9　楼（屋）盖及楼梯设计 任务 2　楼梯设计	姓　名	
	日　期	

 学习目标

1. 掌握楼梯的分类；
2. 掌握板式楼梯；
3. 掌握梁式楼梯。

 任务描述

　　××政府办公楼，交通方便，周边有居民楼，形成建筑群；同时有一定的现代建筑物及商业区，立面简洁明朗，与周围环境相互协调，真正做到适用、经济、美观。项目 4 主要任务是进行该办公楼一层结构设计。

 学习过程

　　引导性问题 1：请各小组讨论板楼梯在建筑物中有什么作用？

　　引导性问题 2：请各小组讨论楼梯按梯段分为几类？

　　引导性问题 3：请各小组讨论单跑楼梯的特点。

引导性问题 4：请各小组讨论楼梯结构形式和受力特点分为几类？

引导性问题 5：请各小组讨论梁式楼梯和板式楼梯分别由哪几部分组成？画出简图。

课后要求

1. 小组设计的楼梯采用什么形式？

2. 设计的楼梯荷载都有哪些？

参 考 文 献

[1] 单辉祖. 材料力学教材 [M]. 3 版. 北京：国防工业出版社，2004.

[2] 王金海. 结构力学 [M]. 北京：中国建筑工业出版社，2016.

[3] 陈永龙. 建筑力学 [M]. 北京：高等教育出版社，2002.

[4] 苏炜. 工程力学 [M]. 武汉：武汉工业大学出版社，2002.

[5] 龙驭球，包世华. 结构力学教程（Ⅰ、Ⅱ）[M]. 北京：国防工业出版社，2004.

[6] 游普元. 建筑力学与结构 [M]. 北京：化学工业出版社，2008.